Kelvin Aikpitanyi

A utilização de folhas amargas e de cheiro como fitogénicos na alimentação de frangos de carne

Kelvin Aikpitanyi

A utilização de folhas amargas e de cheiro como fitogénicos na alimentação de frangos de carne

ScienciaScripts

Imprint
Any brand names and product names mentioned in this book are subject to trademark, brand or patent protection and are trademarks or registered trademarks of their respective holders. The use of brand names, product names, common names, trade names, product descriptions etc. even without a particular marking in this work is in no way to be construed to mean that such names may be regarded as unrestricted in respect of trademark and brand protection legislation and could thus be used by anyone.

Cover image: www.ingimage.com

This book is a translation from the original published under ISBN 978-3-659-49651-6.

Publisher:
Sciencia Scripts
is a trademark of
Dodo Books Indian Ocean Ltd. and OmniScriptum S.R.L publishing group

120 High Road, East Finchley, London, N2 9ED, United Kingdom
Str. Armeneasca 28/1, office 1, Chisinau MD-2012, Republic of Moldova, Europe
Printed at: see last page
ISBN: 978-620-7-66481-8

A UTILIZAÇÃO DAS FOLHAS AMARGAS E DE CHEIRO COMO FITOGÉNICOS NA ALIMENTAÇÃO DOS FRANGOS DE CARNE

AIKPITANYI, UHUNOMA KELVIN

B.Agric (Ciência Animal), Universidade do Benim, Nigéria
MBA, Universidade do Benim, Nigéria
Mestrado (Ciência Animal), Universidade Ambrose Alli, Nigéria

DEDICAÇÃO

Este livro é dedicado a Deus Todo-Poderoso.

E

À minha amada esposa, Dra. Joy Oyemwen Aikpitanyi.

E

Aos nossos adoráveis filhos, Eloghosa Bryan e Aisosa Nathan.

ÍNDICE DE CONTEÚDOS

Capítulo 1 5

Capítulo 2 13

Capítulo 3 55

Capítulo 4 65

Capítulo 5 77

Capítulo 6 84

RESUMO

Existe uma preocupação crescente em termos de saúde pública relativamente aos perigos da inclusão de antibióticos promotores de crescimento nas dietas das aves de capoeira. Em busca de alternativas, este estudo foi realizado para determinar de que forma a inclusão de farinha de folhas amargas *(Vernonia amygdalina)* e de folhas de perfume *(Ocimum grattisimum)* nas dietas de frangos de carne afecta o desempenho das aves em termos de crescimento, características da carcaça, perfis hematológicos e bioquímicos séricos. Um total de 162 pintos de carne da estirpe Marshal, depois de terem sido criados durante 2 semanas, foram divididos em 9 grupos de tratamento de 18 pintos cada. Os tratamentos foram replicados 3 vezes cada um para dar 6 aves por réplica numa experiência de conceção completamente aleatória (CRD). A folha amarga fresca e a folha de cheiro foram secas e moídas e depois misturadas com rações comerciais convencionais para frangos de carne em várias proporções para produzir 9 dietas experimentais que foram utilizadas no ensaio de alimentação de 49 dias. A dieta 1 (controlo negativo) não continha farinha de folha nem antibióticos; a dieta 2 continha 0,10% de oxitetraciclina; as dietas 3, 4 e 5 continham 1%, 2% e 3% de folha amarga *(Vernonia amygdalina)*, respetivamente; as dietas 6, 7 e 8 continham 1%, 2% e 3% de folha de cheiro *(Ocimum grattisimum)*, respetivamente, enquanto a dieta 9 continha uma combinação de 1% de folha amarga e 1% de folha de cheiro. Os resultados relativos ao desempenho de crescimento revelaram que não houve diferenças significativas nos valores registados para o consumo de ração. Registaram-se diferenças significativas (P<0,05) no peso médio ganho, na conversão alimentar e nos rácios de eficiência proteica. Os frangos alimentados com dietas à base de 2% de folhas amargas e 2% de folhas perfumadas competiram favoravelmente com os frangos alimentados com oxitetraciclina. O peso final e o peso total ganho pelos frangos alimentados com oxitetraciclina foram de 3816,67 g e 3602,89 g, respetivamente, ao passo que se observaram pesos de 3761,11 g e 3547,33 g; 3744,44 g e 3535,67 g; 3738,84 g e 3535,72 g para os frangos alimentados com 1% de folha amarga, 2% de folha amarga e 2% de folha de cheiro, respetivamente. Os resultados das amostras de sangue obtidas das aves experimentais revelaram um efeito significativo dos tratamentos dietéticos em alguns índices hematológicos (glóbulos brancos, hemoglobina corpuscular média, concentração de hemoglobina corpuscular média e hemoglobina) e em todos os parâmetros séricos medidos. Em particular, as aves que consumiram 1% de folha de perfume tiveram o valor mais baixo de colesterol de 85mg/dl contra 103mg/dl e 112mg/dl das duas dietas de controlo. Os resultados relativos à qualidade da carcaça mostraram diferenças significativas (P<0,05) apenas na percentagem de peso vestido. As aves alimentadas com 2% de folhas de perfume produziram a percentagem de peso mais elevada, 77,15%, contra 72,65% e 76,57% registados nas dietas de controlo negativo e positivo, respetivamente. Pode concluir-se que a inclusão de folha amarga e folha de cheiro em várias proporções, exceto na dieta 9, melhorou os parâmetros avaliados em comparação com a dieta de controlo negativo. Especificamente, os valores comparados favoravelmente no desempenho do crescimento com a dieta de tratamento com antibióticos (oxitetraciclina) sem comprometer as características da carcaça, hematológicas ou séricas. Estes resultados sugerem que as farinhas de folhas amargas e de folhas de cheiro têm um potencial considerável como alternativas aos antibióticos promotores de crescimento na produção de frangos de carne.

CAPÍTULO UM

1.1 INTRODUÇÃO

Nunca é demais sublinhar a importância da indústria avícola para o desenvolvimento socioeconómico de qualquer país, devido à sua capacidade de fornecer proteínas animais num período de tempo relativamente mais curto e a um custo razoável para os consumidores. No entanto, o crescimento e a expansão do sector são confrontados com o elevado custo da alimentação e dos medicamentos (Amerah *et al.*, 2007). Além disso, a utilização de agentes antimicrobianos como promotores de crescimento está a ser desencorajada devido a problemas de saúde humana e animal, resultantes principalmente do desenvolvimento de resistência antimicrobiana. As tentativas para enfrentar estes desafios têm-se centrado na exploração de recursos alimentares não convencionais e de plantas herbáceas, motivadas pela recente preferência dos consumidores por produtos sem químicos.

Na produção de frangos de carne, é necessário um crescimento rápido para se atingir a produtividade máxima, o que, por sua vez, se reflecte na margem bruta (Oluyemi e Roberts, 2000). Embora seja possível fornecer alimentos de alta qualidade e em quantidade adequada, a quantidade de alimentos digeridos, os nutrientes absorvidos e utilizados são muito importantes. Geralmente, a digestão nas aves de capoeira pode, entre outros factores, depender dos microrganismos que habitam e colonizam naturalmente o aparelho digestivo (Denli *et al.*, 2003). Este facto realça, portanto, a necessidade de formular dietas tendo em conta o seu efeito na saúde e na função intestinal. Os aditivos alimentares, como os antibióticos, têm sido utilizados para este efeito em doses subterapêuticas nas dietas das aves de capoeira (Feighner e Dashkericz, 1998; Enerberg *et al.*, 2000). Actuam diretamente contra os agentes patogénicos no intestino, criando um ambiente favorável à digestão, absorção e metabolismo das proteínas e da energia (Puyalto e Mesia, 2002). Embora as aves criadas com estes aditivos para a alimentação animal obtenham um bom desempenho, os potenciais efeitos secundários, que incluem a resistência do hospedeiro e a resistência cruzada aos medicamentos, constituem um verdadeiro problema de saúde pública a nível mundial (Al-Harthi, 2006) e levaram à proibição destes produtos em muitos países do mundo (Cardazo *et al.*, 2004; Kehinde *et al.*, 2011).

O sector dos frangos é regulado pela gestão da oferta para satisfazer ou exceder as necessidades e expectativas dos consumidores em termos de segurança e qualidade e para tornar os produtos de frango acessíveis aos consumidores. A indústria dos frangos visa também assegurar a proficiência e o rendimento económico dos produtores. Para tal, é necessário um baixo nível de produção e melhores resultados económicos e de desempenho dos animais. Para atingir este objetivo, os produtores intensificaram significativamente a produção de frangos, melhorando os conhecimentos em matéria de reprodução e alterando as práticas de criação. Estas alterações incluem a utilização de substâncias farmaceuticamente activas para tratar e prevenir doenças e para melhorar o desempenho do crescimento (NRC, 1999).

Cerca de 90% dos antimicrobianos utilizados na agricultura são administrados para a promoção do crescimento e a profilaxia (Khachatourians, 1998). Foram sugeridas muitas teorias para explicar os efeitos positivos dos antimicrobianos utilizados como factores de crescimento. As principais razões incluem a redução de infecções subterapêuticas que alteram o sistema imunitário dos frangos, tornando-os mais vulneráveis a várias infecções bacterianas, virais e parasitárias. Uma outra explicação poderia ser a diminuição da competição entre o hospedeiro e a flora microbiana pelos nutrientes, que assim se tornam mais disponíveis em quantidade suficiente para um melhor consumo de ração, conversão alimentar e crescimento (Khachatourians, 1998; NRC, 1999). Os frangos saudáveis são mais capazes de resistir aos agentes patogénicos e, por conseguinte, enfrentam menos stress e têm um melhor desempenho. Os consumidores estão também mais confiantes em consumir produtos de frango seguros e de alta qualidade.

A formulação normalizada para cada dieta pode incluir um antibiótico, um coccidiostático e um arsénico para reduzir a morbilidade e a mortalidade e para aumentar o peso e uma conversão alimentar eficiente (NRC, 1999).

Os promotores de crescimento podem ser classificados em quatro grupos: os que aumentam o crescimento e também aumentam o consumo de ração, os que aumentam o crescimento sem alterar o consumo de ração, os que não alteram o crescimento mas diminuem o consumo de ração e os que aumentam o crescimento e diminuem o consumo de ração (OMS, 2002). Obviamente, um promotor de crescimento que aumente o consumo de ração não seria um produto comercialmente viável. Além disso, um promotor de crescimento que altere negativamente a qualidade e/ou o sabor da carne também seria inaceitável.

Os criadores comerciais de frangos de carne têm vindo a selecionar o crescimento desde o início dos anos 50, mas aparentemente chegaram a um ponto em que os frangos de carne atingiram aproximadamente 95% do seu potencial genético de crescimento (Siegel e Dunnington, 1987). Os nutricionistas também contribuíram amplamente para melhorar o crescimento e a conversão alimentar, mas também eles atingiram um patamar a partir do qual a modificação dos ingredientes da ração não foi comercialmente vantajosa. Em vários casos, conseguiram melhorar significativamente o crescimento, mas a disponibilidade dos novos ingredientes é insuficiente e/ou demasiado cara.

A administração de antibióticos a aves de capoeira, bovinos e suínos na sua alimentação ou na água de beber tem tido um grande impacto na produção comercial de carne para consumo humano desde o início dos anos 50 (Jukes,1972). A melhoria do crescimento com antibióticos (sulfonamidas) foi observada pela primeira vez por Moore *et al.,* (1946). A descoberta por Jukes e os seus colegas dos Laboratórios Lederle (Jukes, 1985) de que a aureomicina estimulava um crescimento significativo em frangos, bovinos e suínos foi a base da promoção do crescimento com antibióticos em animais durante mais de 60 anos. Muitos factores contribuíram para o baixo custo da carne de aves de capoeira para o consumidor, mas nenhum contribuiu tanto para o lucro financeiro dos produtores e o baixo custo para os consumidores como os antibióticos promotores de crescimento (AGP).

A utilização terapêutica de antibióticos é eficaz contra as infecções intestinais e outras infecções dos animais destinados à alimentação humana, e são eficazes contra a colibacilose, a coriza, a cólera aviária e as infecções por micoplasmose nas galinhas. O uso terapêutico resulta em aumento de peso à medida que a saúde melhora, mas doses baixas de antibióticos também estimulam o aumento de peso em animais saudáveis alimentados com ração nutricionalmente completa (Jukes, 1977). É bem conhecido que a utilização de antibióticos na produção de animais destinados à alimentação humana é responsável pelo aparecimento de bactérias resistentes a estes antibióticos e também levou ao desenvolvimento de resistência cruzada com os seus análogos utilizados na terapia humana (Wegener *et al*, 1999).

É óbvio que uma variedade de compostos diferentes pode estimular a promoção do crescimento. Aparentemente, os antibióticos utilizam diferentes modos de ação, uma vez que alguns deles aumentam o ganho de peso, enquanto outros reduzem o rácio de conversão alimentar, e alguns deles fazem ambas as coisas. Alguns dos produtos não farmacêuticos também variam na forma como promovem o crescimento. As glicoproteínas e os aditivos não farmacêuticos têm uma estrutura muito diferente da dos AGP, pelo que é difícil acreditar que utilizem o(s) mesmo(s) mecanismo(s). Há muita investigação a ser feita e é muito provável que se encontrem/desenvolvam promotores de crescimento que produzam resultados equivalentes aos AGP, mas sem o estigma de aumentar as bactérias resistentes aos antimicrobianos.

Este facto tem suscitado atualmente um grande interesse na procura de materiais vegetais e seus derivados como alternativas a incorporar nos alimentos para animais. Odoemelam *et al.* (2013) referiram que até um terço de todas as rações comerciais de suínos e frangos na Europa utilizam atualmente misturas de ervas e especiarias para acelerar o crescimento e manter a saúde. Algumas destas ervas e especiarias úteis são originárias de África e têm sido relatadas como influenciando a utilização de nutrientes por frangos (Denli *et al.*, 2003; Windisch *et al.*, 2007) e melhorando o desempenho de frangos de carne (Carrijo *et al.*, 2005; Odoemelam *et al.*, 2012). Exemplos incluem *Alium sativum* (alho), *Piper nigrum* (pimenta preta), *Ocimum gratissimum* (folha de cheiro), *Vernonia amygdalina* (folha amarga) e muitos outros.

As ervas e especiarias e uma série de outros derivados de plantas utilizados na alimentação animal como aditivos para a alimentação animal são referidos como aditivos fitogénicos para a alimentação animal. Esta classe de aditivos para a alimentação animal está a ganhar cada vez mais popularidade na produção animal. Vários estudos demonstraram a eficácia antioxidante e antimicrobiana invitro. Estudos mostram que alguns destes materiais vegetais melhoram a palatabilidade dos alimentos. Há sugestões de que podem melhorar especificamente as actividades das enzimas digestivas e a absorção de nutrientes. As comparações experimentais destes aditivos fitogénicos com antibióticos e ácidos orgânicos sugeriram efeitos semelhantes no intestino. Estes incluem contagens reduzidas de colónias bacterianas, menos produtos de fermentação, maior digestão de nutrientes e, provavelmente, reflectem uma melhoria global do equilíbrio intestinal. Além disso, algumas das ervas e especiarias ou seus derivados foram relatados para promover a produção de muco intestinal. Este efeito pode explicar a melhoria do desempenho da produção após a inclusão destes aditivos fitogénicos para a alimentação animal. De um modo geral, a literatura disponível sugere que os aditivos fitogénicos para a alimentação animal, como as ervas aromáticas e as especiarias, podem ser acrescentados ao conjunto de promotores de crescimento não antibióticos para utilização na pecuária, como os ácidos orgânicos e os probióticos. No entanto, é necessária uma abordagem sistemática da eficácia e da segurança dos materiais fitogénicos utilizados como ingredientes ou aditivos para a alimentação animal. É também necessário estudar as ervas e especiarias indígenas das regiões tropicais para a sua utilização na produção animal.

As ervas aromáticas, as especiarias e os extractos de plantas (principalmente óleos essenciais) são resumidos sob os termos botânicos, fitobióticos ou fitogénicos. Os fitobióticos são bem conhecidos pelos seus efeitos farmacológicos, pelo que são amplamente utilizados na medicina humana tradicional e alternativa. Além disso, na alimentação humana, os fitobióticos desempenham um papel importante como aromatizantes e conservantes de alimentos. A ação dos fitobióticos é causada por ingredientes primários e secundários. Um grande número de estudos *in vitro* e *in vivo* confirmou uma vasta gama de actividades dos fitobióticos na nutrição animal, como a estimulação do consumo de alimentos, antimicrobianos, coccidiostáticos, anti-helmínticos e imunoestimulantes (Panda *et al,* 2006). Os fitobióticos parecem ser os mais promissores, uma vez que são de origem natural e são geralmente considerados seguros, embora contenham um grande número de substâncias farmacologicamente activas com uma ação amplamente desconhecida. As experiências com vários produtos realizadas com frangos de carne até agora mostraram uma clara tendência para melhorar o desempenho e o estado de saúde, embora a margem líquida seja apenas de algumas percentagens em relação aos grupos de controlo negativos testados. No entanto, isto é típico dos aditivos para a alimentação animal, uma vez que os efeitos distintos só podem ser obtidos em condições de produção realmente difíceis, o que deve ser evitado na produção prática. Os efeitos geralmente inferiores dos fitobióticos em relação aos AGP devem-se aos diferentes modos de ação de ambos os grupos de suplementos (Grashorn, 2010).

O Ocimum gratissimum, vulgarmente designado por "folha de perfume", é uma planta herbácea perene. É pan-tropical e amplamente naturalizada em muitas regiões de África (Nnabugwu, 2010; Odoemelam *et al.,* 2012). É também uma planta medicinal tradicional conhecida, utilizada na cura de diferentes doenças como infeção do trato respiratório superior, febre, diarreia, dor de cabeça, pneumonia, doenças de pele e doenças dos dentes e gengivas (Onajobi, 1986; Ilori *et al.,* 1996). Alguns compostos químicos e ingredientes activos desta planta que a fazem exibir fortes propriedades antimicrobianas incluem eugenol, cinamato, cânfora e timol (Adebolu e Oladimeji, 2005; Matasyoh *et al.,* 2007).

No entanto, as informações disponíveis sobre a utilização de *O. gratissimum* como ingrediente alimentar em dietas de aves de capoeira são ainda escassas.

A Vernonia amygdalina, vulgarmente designada por "folha amarga", é uma planta medicinal valiosa que se encontra disseminada na África Oriental e Ocidental. Diz-se que contém alcalóides, hidratos de carbono, taninos, saponinas, flavonóides e glicosídeos não cianogénicos (Nwanjo, 2005). Existem algumas documentações sobre a utilização benéfica da folha amarga na alimentação animal na Nigéria (Owen *et al.,* 2009; Areghore *et al.,* 1997). Foi também referido que *a Vernonia amygdalina* foi capaz de aumentar a eficiência da conversão alimentar de galos sem afetar o perfil hematológico (Olobatoke e Oloniruha, 2009).

1.2 JUSTIFICAÇÃO

Os antibióticos têm sido investigados para terem um efeito residual nos produtos de origem animal e o desenvolvimento de resistência e de infeção interespécies tem levado gradualmente à diminuição da sua aceitação como aditivo alimentar em muitos países do mundo (Al-Harthi, 2006). Apesar de serem atacadas por cerca de 150 agentes antimicrobianos disponíveis, as bactérias conseguem encontrar formas de subsistir e de se tornarem resistentes aos antibióticos existentes, dificultando assim o tratamento das doenças. Por conseguinte, a falta de tratamento adequado, para além da ineficácia dos antigos antibióticos eficazes, gera falhas no tratamento que causam milhões de mortes todos os anos no mundo. Mead *et al.,* (1999), estimaram que 76 milhões de pessoas ficam doentes e, destas, 325.000 são hospitalizadas e 5.000 morrem todos os anos só nos Estados Unidos devido a doenças de origem alimentar. Estes problemas acarretam inevitavelmente custos económicos significativos (OTA 1995; Conly 2002). Na produção intensiva de aves de capoeira, uma das principais fontes de resistência é a utilização de antibióticos como aditivos alimentares, o que leva ao desenvolvimento de estirpes de bactérias resistentes (Oyeniyi, 1989, Kolar *et al.,* 2002, Webster, 2009).

Tendo em conta estes efeitos secundários documentados da utilização de antibióticos como promotores de crescimento, está a ser dada mais atenção à utilização de ervas medicinais e especiarias. A maioria destas ervas medicinais não tem efeitos residuais e vários estudos demonstraram a eficácia antioxidante e antimicrobiana in vitro (Odoemelam *et al.*, 2013). Por conseguinte, é necessário estudar a eficácia da utilização de *Vernonia amygdalina* (folha amarga) e *Ocimum grattisimum* (folha perfumada) como aditivos alimentares na nutrição de frangos de carne.

I. 3 OBJECTIVOS DO ESTUDO

O objetivo geral deste estudo foi avaliar o desempenho do crescimento, as características da carcaça, a bioquímica hematológica e sérica de frangos de carne com dietas suplementadas com *Vernonia amygdalina* e *Ocimum grattisimum*.

Os objectivos específicos são os seguintes

I. avaliar o desempenho do crescimento de frangos de carne alimentados com dietas com suplementos de folha amarga *(Vernonia amygdalina)* e folha de cheiro *(Ocimum grattisimum)* como aditivos alimentares;

II. avaliar as características da carcaça das aves experimentais e

III. determinar os índices hematológicos e as respostas bioquímicas séricas dos frangos.

CAPÍTULO DOIS
REVISÃO DA LITERATURA

2.1 ANTECEDENTES DO ESTUDO

A procura de produtos pecuários, incluindo aves de capoeira, está a aumentar na Nigéria em resultado do crescimento da população e do aumento da urbanização. O sector das aves de capoeira enfrenta custos de produção elevados, problemas de saúde e limitações técnicas na transformação e comercialização. Os agricultores têm um acesso limitado aos factores de produção, incluindo os pintos e os alimentos, e enfrentam custos elevados de serviços veterinários (David, 2004). Os mercados de gado são também limitados por preocupações globais sobre a segurança dos produtos (Perry et al, 2005). A persistência de surtos de doenças animais continua a limitar o potencial de produção nacional e de exportação. Para além das questões biológicas, a aplicação ineficaz de reprodutores, a comercialização e a tecnologia de processamento apresentam restrições técnicas ao crescimento do sector das aves de capoeira (David, 2004)

Os dados da Organização das Nações Unidas para a Alimentação e a Agricultura (2005) mostram que a produção doméstica de aves de capoeira da Nigéria abasteceu cerca de 100% do consumo do país, tanto antes como depois da proibição das importações em 2002. No entanto, grandes volumes de importações não documentadas entraram no país antes da proibição, representando até 21% do consumo interno em 2002, de acordo com o Serviço Agrícola Estrangeiro do USDA. A Nigéria produziu 1,61 quilogramas per capita de carne de frango em 2008 (USDA, 2002).

Tal como noutros países da África Ocidental, a produção enquadra-se geralmente em duas categorias principais: sistemas rurais tradicionais e operações comerciais intensivas. Entre estas duas categorias, desenvolvem-se também sistemas intermédios e semi-intensivos nas cidades rurais e nas zonas urbanas. As operações de pequena e média escala têm capacidades que variam entre 1.000 e 20.000 aves. Estas instalações compram frequentemente os pintos do dia e outros factores de produção aos operadores de grande escala. Algumas são empresas satélite de instalações de grande escala e especializam-se na criação de frangos de carne ou de outras aves para alimentar as instalações de transformação da empresa-mãe (Adene e Oguntade, 2006).

Desde o final da década de 1980, os programas governamentais de alívio da pobreza têm promovido a produção de aves de capoeira de quintal para agregados familiares em vilas rurais, zonas periurbanas e cidades. Estes sistemas semi-intensivos partilham características tanto dos sistemas rurais tradicionais como das operações comerciais. O tamanho dos bandos de aves de capoeira de quintal varia entre 50 e 1.000 aves, que são basicamente variedades exóticas. Os criadores de aves de capoeira de quintal incluem indivíduos desempregados e aqueles que procuram complementar o rendimento normal produzindo e vendendo frangos de carne e ovos. Alguns produtores de quintal conseguiram expandir as suas actividades e transformar-se em produtores comerciais de pleno direito (Obi *et al.*, 2008).

No sector comercial, os grandes operadores abatem e transformam as suas aves em instalações próprias. Cerca de 90% dos frangos de carne são transformados e vendidos como frangos congelados, sendo os restantes vendidos como aves vivas. Os ovos e a carne de aves de capoeira fresca e congelada são vendidos diretamente aos consumidores no produtor e em mercados abertos, a distribuidores comerciais e a supermercados, empresas de fast food, hotéis e outros operadores da indústria hoteleira (Adene e Oguntade, 2006). Os produtos avícolas são principalmente transportados por estrada em todos os tipos de veículos, incluindo carrinhas especialmente concebidas para pintos do dia, camiões refrigerados para produtos congelados e carros, autocarros, camiões e motociclos para aves vivas.

Os produtores semicomerciais de quintal vendem aves de capoeira em mercados de aves vivas ou diretamente nas suas casas ou lojas. Também vendem aves vivas a distribuidores para revenda a hotéis e restaurantes. Nos sistemas rurais e tradicionais, as doenças, especialmente a doença de Newcastle, são a maior causa de perda de aves de capoeira. Estima-se que 65% dos avicultores rurais têm pouco acesso a serviços veterinários, e as vacinas normalmente só estão disponíveis em grandes quantidades de doses específicas para cada idade (Obi *et al.*, 2008). Os produtores comerciais seguem geralmente calendários de vacinação estabelecidos e medidas de biossegurança. A maioria das operações reduz e controla os surtos de doenças através de práticas de higiene, como a desinfeção do equipamento e a separação das aves doentes. Os operadores comerciais de grande escala empregam frequentemente os seus próprios veterinários, enquanto as instalações comerciais de média e pequena escala tendem a contratar fornecedores privados.

O sector avícola comercial da Nigéria tem potencial para expandir a produção de modo a aumentar os níveis de consumo per capita, que aumentaram apenas ligeiramente desde o ano 2000. O sector comercial poderia também começar a produzir carne de aves de capoeira e ovos para exportação. Os preços de produção do país são próximos ou inferiores à média mundial. Além disso, o sector conta com o apoio de um forte agrupamento de produtores e com ligações a empresas multinacionais. O aumento da produção para tirar partido das perspectivas de exportação dependerá provavelmente da monitorização e mitigação dos surtos de doenças e do controlo dos elevados preços dos alimentos para animais (Obi *et al.*, 2008).

2.2 NECESSIDADES NUTRICIONAIS DOS FRANGOS DE CARNE

A necessidade de nutrientes é a quantidade de um determinado nutriente requerida pelo animal para maximizar o seu desempenho, por exemplo, uma determinada taxa de crescimento ou um determinado nível de produção. As necessidades de nutrientes dos frangos de carne são influenciadas pela idade e tamanho das aves, nível de produção, teor energético da ração, forma física da dieta, sexo da ave, adequação nutricional da dieta e temperatura ambiente (Oboh e Igene, 2006). Os frangos de carne necessitam de nutrientes para manter o seu estado atual (manutenção) e para permitir o crescimento do corpo (aumento de peso).

2.2.1 Necessidade de proteínas

Os níveis recomendados de proteínas diminuem à medida que as galinhas envelhecem. Em circunstâncias normais, as aves comem mais à medida que envelhecem. Por conseguinte, o total de proteínas consumidas aumenta à medida que as aves envelhecem e, presumivelmente, aumentam de peso. Se os níveis de proteínas da dieta se mantiverem constantes durante toda a vida da ave, poderá ser consumida mais proteína do que a necessária. Uma vez que as proteínas não são armazenadas no organismo de forma apreciável, qualquer proteína consumida para além das necessidades da ave é oxidada para obter energia. Por esta razão, os níveis de proteínas na dieta dos frangos de carne são geralmente indicados em termos exactos para estarem mais próximos das necessidades mínimas do que os outros nutrientes. A redução do nível de proteínas à medida que as aves envelhecem tem, portanto, uma base científica (Olomu, 2003).

Podem ser utilizados quatro regimes de proteínas brutas para frangos de carne: 24% (0-3 semanas), 21% (3-6 semanas), 18% (6-9 semanas) e 15% (9 semanas em diante para produção de assados), todos com o mesmo nível de EM (3000 Kcal/kg de dieta) (Olomu, 1995).

2.2.2 Necessidade de energia

As necessidades de energia não podem ser indicadas com tanta exatidão como as necessidades de proteínas, aminoácidos, minerais e vitaminas. Isto deve-se ao facto de se poder obter um bom crescimento com uma vasta gama de níveis de energia. A maioria dos frangos tem a capacidade de ajustar a ingestão de alimentos de modo a obter a energia necessária para um desempenho ótimo.

O nível de energia recomendado para os frangos de carne é de 3000Kcal/kg. A literatura disponível mostra que as aves têm um desempenho igualmente bom com níveis de energia de cerca de 85-90% dos níveis recomendados acima. A EM total fornecida na dieta é utilizada para vários fins, incluindo as perdas de calor durante o metabolismo, a manutenção, a reprodução e o crescimento. A temperaturas elevadas, as perdas de calor e as taxas metabólicas basais são geralmente inferiores às registadas a temperaturas mais baixas. Por conseguinte, não é surpreendente que as necessidades energéticas dos frangos de carne criados em ambiente tropical sejam mais baixas (Olomu, 1995).

2.2.3 Necessidade de gordura

A gordura contém uma maior densidade energética do que os hidratos de carbono e as proteínas e, como tal, é incluída na dieta dos frangos de carne para atingir a concentração de energia dietética necessária. As gorduras contêm um elevado calor de combustão (9,4Kcal/kg, cerca de 2,25 vezes o valor energético dos açúcares ou amidos) e consistem essencialmente em glicerol e ácidos gordos. As gorduras representam cerca de 3-5% da maioria das dietas práticas. Outros benefícios da utilização de gorduras incluem um melhor controlo das poeiras nas fábricas de rações e nos aviários, uma melhor palatabilidade das dietas e actuam como solventes na absorção das vitaminas lipossolúveis. Os frangos de carne não têm uma necessidade específica de gorduras como fonte de energia, mas foi demonstrada uma necessidade de ácido linoleico (Olomu, 1995).

2.2.4 Necessidade de minerais

Os minerais são necessários para a formação do sistema esquelético, para a saúde geral, como componentes da atividade metabólica geral e para a manutenção do equilíbrio ácido-basc do organismo. O cálcio e o fósforo são os elementos minerais mais abundantes no organismo e são classificados como macrominerais, juntamente com o sódio, o potássio, o cloreto, o enxofre e o magnésio. Deve ser mantida uma relação de 2:1 entre o cálcio e o fósforo não fítico na dieta dos frangos de carne para otimizar a absorção destes dois minerais (Olomu, 2003).

As proporções dietéticas de sódio, potássio e cloreto determinam em grande parte o equilíbrio ácido-base no corpo para manter o pH fisiológico. Se ocorrer uma mudança para condições ácidas ou básicas, os processos metabólicos são alterados para manter o pH, com o resultado provável de um desempenho deprimido. Na prática, 0,3-0,35% de sal comum ou de cloreto de sódio satisfazem as necessidades de sódio e de cloreto de todas as categorias de frangos (Olomu, 1995).

Os oligoelementos, incluindo o cobre, o iodo, o ferro, o manganês, o selénio, o zinco e o cobalto, funcionam como componentes de moléculas maiores e como co-factores de enzimas em várias reacções metabólicas. Estes são necessários na dieta apenas em quantidades muito pequenas. As dietas práticas das aves de capoeira deveriam ser suplementadas com estes minerais principais e vestigiais, porque as dietas típicas à base de cereais são deficientes nestes minerais. Os microelementos são frequentemente incluídos na maioria das pré-misturas comerciais.

2.2.5 Necessidade de vitaminas

As vitaminas são classificadas como lipossolúveis (vitaminas A, D, E e K) e hidrossolúveis (vitaminas do complexo B e vitamina C). Todas as vitaminas, com exceção da vitamina C, devem ser fornecidas na alimentação. Os papéis metabólicos das vitaminas são mais complexos do que os de outros nutrientes. As vitaminas não são simples unidades de construção do corpo ou fontes de energia, mas são mediadoras ou participantes em todas as vias bioquímicas do corpo (Olomu, 2003).

2.3 UTILIZAÇÃO DE ANTIBIÓTICOS NA PRODUÇÃO ANIMAL

2.3.1 O desafio microbiano

É possível influenciar e controlar a microflora intestinal através de melhores medidas de biossegurança, sistemas de biocontrolo e escolha da dieta. Um melhor conhecimento dos microrganismos do intestino das galinhas, da sua variabilidade genética e da sua evolução permite prever a sua interação entre si e com o hospedeiro. Além disso, a clonagem permite a análise estrutura-função dos produtos genéticos. Um gene clonado ou um conjunto de genes pode ser introduzido num novo hospedeiro para criar uma nova via metabólica ou para modificar uma via existente através da produção de proteínas em grande escala (Ping *et al.*, 2007). Apesar desta tecnologia poderosa e em constante aperfeiçoamento, numerosos grupos de microrganismos do trato gastrointestinal continuam por descobrir e as suas características fisiológicas são desconhecidas (Head *et al.*, 1998; Lu *et al.*, 2003; Apajalahti *et al.*, 2004).

Mais importante ainda, para controlar espécies de microrganismos bem definidas, os produtores e transformadores de alimentos para animais dependem da utilização de substâncias para inibir ou matar a maioria dos grupos microbianos que podem ser prejudiciais tanto para os animais como para os seres humanos. Estas substâncias, normalmente designadas por antimicrobianos, têm sido utilizadas desde o final da década de 1940 na produção animal e evoluíram juntamente com o desenvolvimento de métodos de biologia molecular e, surpreendentemente, com a melhoria desses mesmos antimicrobianos. Parece que quanto mais eficiente for um instrumento de deteção e identificação, mais adaptados e mais fortes se tornam os microrganismos de cada vez que são desafiados. No entanto, esta batalha contra o relógio deve continuar porque, na ausência de um vencedor, ambas as partes devem permanecer, pelo menos, em posições iguais ou talvez com uma pequena luz de esperança de que os hospedeiros obtenham uma vantagem significativa.

2.3.2 Objetivo da utilização de antibióticos em animais destinados à alimentação humana

Os animais destinados à alimentação humana ou animais produtores de alimentos são essencialmente criados para a produção de carne, leite ou ovos (NRC, 1999). Constituem uma importante fonte de proteínas, vitaminas e minerais para a alimentação humana. Por outro lado, os animais destinados à produção de alimentos podem ser portadores de doenças ou de microrganismos causadores de doenças que podem ameaçar a vida humana. Por conseguinte, a manutenção da saúde e do bem estar dos animais destinados à produção de alimentos é fundamental para a saúde humana. Uma forma de assegurar um bom estado de saúde destes animais é a utilização de substâncias farmacologicamente activas, também designadas por antibióticos.

Durante mais de cinquenta anos, registou-se uma intensificação da produção de animais destinados à alimentação humana, juntamente com uma utilização crescente de antibióticos. A conjugação de vários factores contribuiu para esta situação. A pressão dos consumidores, a procura de produtos seguros de elevada qualidade e em quantidade a preços razoáveis exigiu que os produtores encontrassem abordagens económicas para satisfazer a procura. Além disso, a intenção dos produtores de aumentar a produtividade, a eficiência e um maior rendimento económico incentivou a produção em massa em menos tempo e aumentou a necessidade de antibióticos para melhorar o crescimento. O confinamento dos animais permite uma maior mistura entre os animais e favorece o aparecimento e a rápida propagação de doenças entre os efectivos, contribuindo igualmente para a importante procura de antibióticos para conter e eliminar qualquer fonte de contaminação (NRC, 1999).

Mais importante ainda, as descobertas científicas em matéria de reprodução, nutrição e saúde animal trouxeram novas perspectivas às práticas de criação. Por exemplo, os agricultores seleccionam raças que permitem um crescimento espantoso e criam também uma variedade de animais geneticamente modificados com desempenhos notáveis. Em 1928, os frangos de carne precisavam, em média, de 112 dias e 22 kg de ração para atingir 1,7 kg de peso. Em 1990, o peso médio era de 2,0 kg após 42 dias e menos de 4 kg de ração. O número médio de ovos por galinha era de 93 por ano em 1930 e este número quase triplicou para 252 em 1993 (NRC, 1999). Embora as galinhas possam muito rapidamente duplicar o seu peso, isso pode por vezes afetar o seu sistema imunitário e o seu estado geral de saúde. Parece ser necessária a utilização de agentes antimicrobianos para manter o equilíbrio entre o aumento do crescimento e a idade.

2.3.3 Antibióticos utilizados como factores de crescimento

Está bem estabelecido que a utilização de antibióticos em animais destinados à produção de alimentos é fundamental para a saúde e o bem-estar dos animais e para a economia da indústria (Samanidou e Evaggelopoulou, 2008). Nesta ótica, são utilizadas cinco classes principais de medicamentos:

1. anti-sépticos, bactericidas e fungicidas tópicos para tratar infecções cutâneas;

2. ionóforos que alteram os microrganismos do TGI para aumentar a eficiência e a conversão alimentar e também proteger contra certos parasitas;

3. hormonas e estimulantes da produção semelhantes a hormonas para aumentar a produção de leite e de carne;

4. antiparasitário; e

5. antibióticos utilizados para controlar doenças e promover o crescimento (NRC, 1999; Samanidou e Evaggelopoulou, 2008).

Os agentes antimicrobianos referem-se a todos os tipos de antibióticos naturais e sintéticos que podem matar ou retardar o crescimento de microrganismos. Estes incluem anti-fúngicos, desinfectantes domésticos e antibióticos. Os antibióticos são substâncias naturais produzidas por microrganismos. Atualmente, a maioria dos antibióticos utilizados são semi-sintéticos, produzidos em culturas microbianas em grande escala e depois transformados por processos químicos (Samanidou e Evaggelopoulou, 2008). Desde a sua descoberta, foram produzidos centenas de antimicrobianos. No entanto, há mais de sessenta anos que as bactérias têm vindo a desafiar o engenho humano no domínio dos agentes antimicrobianos. Parecem invulneráveis e parecem ter sempre desenvolvido a armadura de proteção mais eficaz.

A era da promoção do crescimento com antibióticos começou em 1946 com o reconhecimento de uma resposta substancial em termos de crescimento à inclusão de estreptomicina na alimentação das galinhas (Jukes e Williams, 1953). Em 1949, foi demonstrado que os suínos e as galinhas que consumiam uma dieta suplementada com a massa micelial seca, recuperada de culturas de fermentação de *Streptomyces aureofaciens,* tinham melhorado significativamente o ganho diário de peso corporal (Jukes e Williams, 1953). Numa altura em que o maneio dos animais estava a mudar rapidamente, passando de um maneio de baixo rendimento, de elevada morbilidade e de criação ao ar livre para uma produção mais controlada e intensiva, e em que as exigências do pós-guerra para aumentar a produção alimentar eram elevadas, a descoberta de uma forma inesperada de acelerar o crescimento foi recebida com enorme interesse e entusiasmo pelos cientistas e pelo público. Os promotores de crescimento antimicrobianos (AGP) são antibióticos adicionados aos alimentos dos animais destinados à alimentação humana em níveis subterapêuticos, a fim de aumentar a sua taxa de crescimento e o seu desempenho produtivo (Samanidou e Evaggelopoulou, 2008).

De acordo com a U.S. Food and Drug Administration (FDA), as concentrações subterapêuticas são inferiores a 200 g/t de alimento para animais; embora possam ser utilizadas várias concentrações de antibióticos abaixo deste limiar para diferentes espécies animais (NRC, 1999).

Muitos estudos demonstraram os benefícios destes antimicrobianos na pecuária (Samanidou e Evaggelopoulou, 2008). Estes benefícios consistem principalmente no aumento da taxa de crescimento, na melhoria da conversão alimentar, na melhoria da produção de ovos nas galinhas poedeiras, no aumento do tamanho da ninhada nas porcas e no aumento da produção de leite nas vacas leiteiras. Não se conhecem exatamente as formas como os AGP afectam favoravelmente a flora intestinal e o crescimento. No entanto, foram propostas algumas teorias:

(i) os nutrientes podem ser protegidos contra a destruição bacteriana;

(ii) a absorção de nutrientes pode melhorar devido a uma diminuição da barreira do intestino delgado;

(iii) os antibióticos podem diminuir a produção de toxinas pelas bactérias intestinais; e

(iv) pode haver reduções na incidência de infecções intestinais subclínicas (Butaye *et al.*, 2003). É evidente que os animais são ajudados a combater populações microbianas competitivas, poupando assim uma maior porção de nutrientes consumidos que poderiam ser utilizados eficazmente para a manutenção, o crescimento e as funções produtivas. São utilizadas quantidades enormes de agentes antimicrobianos nos animais destinados à produção de alimentos, excedendo largamente (100 a 1000 vezes) o consumo humano de agentes antimicrobianos (Khachatourians, 1998; Levy, 1998; Conly, 2002). Consequentemente, no que respeita ao conceito clássico de sobrevivência do mais apto, os microrganismos expostos a esta pressão crescente de antimicrobianos desenvolveram e dominaram estratégias de sobrevivência.

2.3.4 Emergência de resistência

Os antimicrobianos são indispensáveis tanto para a agricultura como para a saúde humana. Alguns antibióticos são utilizados exclusivamente na produção animal (por exemplo, avilamicina, bambermicina, tilosina), outros apenas na medicina humana (por exemplo, vancomicina, quinupristina, dalfopristina) e alguns antibióticos utilizados por rotina no ser humano são também administrados em grandes quantidades aos animais (por exemplo, eritromicina, gentamicina, tetraciclina, penicilina, ciprofloxacina) (Khachatourians, 1998). A utilização profiláctica e a promoção do crescimento são a utilização essencial dos antimicrobianos na agricultura, representando cerca de 90% da utilização global e contribuindo fortemente para a promoção da resistência bacteriana (Khachatourians, 1998). De facto, desde os anos 50 até agora, os níveis recomendados de antibióticos nos alimentos para animais aumentaram 10 a 20 vezes.

Desde o final da década de 1960, têm sido manifestadas preocupações quanto à possível emergência de bactérias, tanto de origem humana como animal, resistentes a antibióticos terapêuticos. Esta preocupação prendia-se com as infecções de origem alimentar com *Salmonella typhimurium* resistente a múltiplos antibióticos (estirpe DT 29) (Khachatourians, 1998). O Relatório Swann recomendou que os antibióticos destinados a promover o crescimento do efetivo pecuário deveriam ser restringidos aos que têm uma utilização terapêutica humana limitada ou inexistente (Swann, 1969; Samanidou e Evaggelopoulou, 2008). Infelizmente, este relatório não se baseou numa certeza científica total e as suas recomendações não foram totalmente tidas em conta (Khachatourians, 1998). A previsão do Relatório Swann está atualmente a ser confirmada a nível mundial por numerosos artigos revistos por pares. A resistência bacteriana aos antimicrobianos, especialmente os utilizados para a promoção do crescimento, tornou-se atualmente uma preocupação universal (Conly, 2002; Bywater, 2005)

As bactérias expostas aos antimicrobianos desenvolvem estratégias de sobrevivência e a resistência é uma dessas estratégias. Para exercer a sua atividade, um antimicrobiano deve ser capaz de entrar numa bactéria específica, encontrar o seu alvo e ligar-se a ele (Khachatourians, 1998; Conly, 2002). Se qualquer uma destas etapas for afetada, uma bactéria sensível a um antibiótico pode tornar-se resistente a esse antibiótico. Para além da resistência que ocorre naturalmente, as mutações podem modificar o alvo e/ou a absorção do antibiótico. Estas mutações podem também conduzir a um efluxo do antibiótico, bem como a uma inativação ou a uma modificação do antibiótico (Conly, 2002).

Na realidade, as relações entre um antibiótico e as bactérias resistentes a esse antibiótico não são tão simples como parecem. Os antibióticos têm diferentes mecanismos de ação e as reacções das bactérias são variadas. Antibiotics can target six different sites within the bacterium: (i) cell wall (e.g. beta-lactamins, polypeptides), (ii) cell membranes (e.g. ionophores), (iii) protein synthesis sites (e.tetraciclina, estreptograminas), (iv) ARN (por exemplo, rifamicinas), (v) ADN (por exemplo, quinolonas) e (vi) síntese de folatos (por exemplo, sulfonamidas) (Khachatourians, 1998; Conly, 2002).

A resistência aos antibióticos resulta principalmente de quatro eventos (Conly, 2002). A expressão de genes de resistência intrínseca é responsável pela resistência natural, como a resistência à penicilina em *Staphylococcus aureus* ou o plasmídeo de resistência natural R (factores R) que confere resistência à tetraciclina (Sapunaric *et al.*, 2005). Além disso, as mutações genéticas podem levar à transformação estrutural do alvo do antibiótico de tal forma que o antibiótico não possa ligar-se a ele (mutações ribossómicas que criam resistência às tetraciclinas) ou simplesmente não o reconheça (alterações na DNA girase e na topoisomerase IV que induzem resistência às quinolonas) (Conly, 2002; Sapunaric *et al.*, 2005; Vila, 2005). Além disso, os mecanismos de resistência existentes podem ser modificados por mutações que os tornam mais activos ou lhes conferem um espetro de atividade mais amplo. É o caso das 0-lactamases mediadas por plasmídeos, que resultam em 0-lactamases de espetro alargado (Gold e Moellering, 1996). Além disso, os antibióticos podem ser bombeados para fora do citoplasma das bactérias-alvo por transporte ativo através de bombas de protões. Este mecanismo, denominado efluxo ativo, diminui a concentração do antibiótico na célula, tornando-o ineficaz porque a dose eficaz não será atingida (por exemplo, resistência à tetraciclina e às quinolonas) (Gold e Moellering, 1996; Conly, 2002; Sapunaric *et al*, 2005; Vila, 2005). Mais importante ainda, uma preocupação maior reside na possibilidade de as bactérias adquirirem múltiplos genes de resistência a antibióticos transportados em elementos genéticos móveis, como transposões, plasmídeos e integrões (Gold e Moellering, 1996; Conly, 2002). Este último mecanismo, que permite o intercâmbio de genes de resistência entre várias espécies de bactérias, contribui fortemente para a disseminação de determinantes genéticos resistentes aos antibióticos entre diferentes ambientes, espécies animais e seres humanos.

A resistência das bactérias está presente quando os microrganismos continuam a proliferar a uma taxa superior à concentração inibitória mínima, definida como a concentração mais baixa de antibiótico necessária para inibir 90% das colónias de um determinado organismo. O desenvolvimento de resistência entre as populações bacterianas expostas a antibióticos é uma questão premente na produção de alimentos para animais. Esta caraterística permite que as bactérias sobrevivam e continuem a crescer em vez de serem inibidas ou destruídas por doses terapêuticas do medicamento. Sabe-se também que a resistência é inerente a muitas populações não expostas por rotina a antibióticos. Na produção avícola intensiva, uma das principais fontes de resistência é a utilização de antibióticos como aditivo alimentar, para tratamento ou prevenção (Oyeniyi, 1989; Kolar *et al.*, 2002; Webster, 2009), o que leva ao desenvolvimento de estirpes de bactérias resistentes. Em geral, existem dois grupos de resistência aos antibióticos. No primeiro caso, a resistência é exibida quando algumas bactérias têm a capacidade natural de resistir ao efeito de um determinado antibiótico devido à inativação enzimática do antibiótico. Este tipo de resistência é conseguido na presença de enzimas. Um exemplo de inativação enzimática é encontrado no *Staphylococcus* produtor de penicilinase, que é capaz de quebrar a estrutura molecular da penicilina por clivagem hidrolítica, conferindo assim resistência a este antibiótico. No segundo caso, a resistência depende da capacidade da bactéria de sobreviver na presença do antibiótico sem interação direta. Esta resulta da ação de genes na bactéria e é independente da destruição do antibiótico por ação enzimática. Os dois grupos criam uma população de estirpes bacterianas resistentes aos antibióticos. Quando a população de bactérias é exposta a um antibiótico, as estirpes mais sensíveis serão eliminadas, permitindo que a estirpe resistente se multiplique, aumentando assim o seu número em muitas vezes. Sob esta pressão selectiva, podem ser seleccionadas bactérias resistentes que podem sobreviver a tratamentos antimicrobianos e, subsequentemente, atuar também como reservatório de genes de resistência a antibióticos para outras bactérias (Van der Bogaard e Stobberingh, 1999).

Para além da resistência transferível, outros tipos de resistência incluem: a resistência natural, que se deve a uma insensibilidade permanente, geneticamente determinada, de uma espécie bacteriana a um determinado antibiótico (por exemplo, todas as estirpes de *Pseudomonas aeruginosa* são resistentes à penicilina G) e a resistência primária, em que algumas das estirpes existentes de uma espécie bacteriana são resistentes, enquanto outras são susceptíveis (por exemplo: 30-60% de todas as estirpes de *E. coli* são resistentes à tetraciclina).

A elevada incidência de resistência aos antibióticos entre as bactérias que povoam as aves de capoeira e o aumento da frequência das estirpes bacterianas podem representar fontes potenciais de resistência. As aplicações de antibióticos na produção avícola provocam um aumento da resistência aos antibióticos não só nas estirpes de bactérias patogénicas, mas também nas bactérias comensais (Lukasova e Sustackova, 2003). A este respeito, as bactérias comensais gastrointestinais constituem um reservatório de genes de resistência para bactérias patogénicas. O seu nível de resistência é considerado um bom indicador da pressão de seleção para a utilização de antibióticos e do problema de resistência que se pode esperar nos agentes patogénicos.

Os produtos de aves de capoeira e a carne são reservatórios comuns de resistências emergentes aos antibióticos disponíveis para as bactérias que habitam os seres humanos. Pode supor-se que a transmissão de bactérias resistentes a antibióticos a pessoas que entram em contacto com estas fontes através da ingestão direta de carne inadequadamente cozinhada ou da manipulação de carne contaminada resulta num aumento do reservatório humano destas estirpes, que podem rapidamente espalhar-se pela comunidade (Apata, 2008). Em teoria, os dejectos das aves podem servir de veículo para expandir a transmissão de bactérias resistentes aos seres humanos. Nesta direção, os resíduos acabam na água, principalmente em poços e lagos que representam uma fonte significativa de abastecimento natural de água para a população rural nos países em desenvolvimento.

2.3.5 Riscos potenciais dos antibióticos e estratégia de contenção

Os riscos potenciais associados ao aumento dos níveis de bactérias resistentes aos antibióticos na carne e, de facto, na cadeia alimentar têm implicações para a saúde pública. Pode resultar em fracasso terapêutico nos animais e pode causar perigo e sofrimento aos indivíduos, às famílias e a toda a comunidade que sofrem de infecções comuns que outrora eram facilmente tratáveis com antibióticos. As estirpes bacterianas resistentes emergentes aumentarão a incidência de infecções humanas e afectarão a eficácia da quimioterapia antibiótica para aqueles que adquiriram as novas estirpes de doenças infecciosas (Chastre, 2008). Para além disso, incentiva a necessidade de medicamentos mais caros e tóxicos. Algumas infecções resistentes tornam-se complicadas e são mais difíceis de tratar.

As bactérias resistentes contrariam o tratamento com antibióticos interferindo com o seu modo de ação através de uma série de mecanismos de efeito, incluindo a síntese da configuração dos sítios-alvo e a inibição ou alterações no sistema de transporte da membrana para remover os antibióticos (Centinkaya *et al.*, 2000).

Várias medidas de contenção incluem a restrição da utilização de antibióticos para animais a infecções bacterianas e a sua utilização apenas para fins terapêuticos. Deverão ser envidados esforços concertados para desenvolver a capacidade de vigilância a nível mundial, a fim de obter dados fiáveis sobre o desenvolvimento de agentes patogénicos resistentes aos antibióticos, o que sublinhará a importância da aplicação da política de antibióticos na produção animal e na medicina veterinária em muitos países. A manipulação higiénica e a cozedura adequada das aves de capoeira cruas são objectivos louváveis que eliminarão tanto os agentes patogénicos resistentes como os susceptíveis de serem transmitidos por alimentos que podem residir nas carnes cruas.

2.4 PLANTAS MEDICINAIS NO DESEMPENHO DO GADO.

As ervas aromáticas são plantas com flor, não lenhosas e não persistentes e as especiarias são ervas com um cheiro e sabor intensos, normalmente adicionadas aos alimentos humanos. Foi referido que possuem propriedades antimicrobianas, antioxidantes, anti-inflamatórias e imunomoduladoras (Sofowora, 1993). As ervas aromáticas e as especiarias pertencem à classe de aditivos alimentares atualmente designados por "fitogenéticos". Estão a ser fortemente consideradas como um complemento ao conjunto de promotores de crescimento não antibióticos, como os ácidos orgânicos e os probióticos, que já estão bem estabelecidos na nutrição animal (Windisch *et al.*, 2007). A sua utilidade reside em algumas substâncias químicas que produzem acções fisiológicas definidas no corpo dos animais (Oko e Agiang, 2009). Os constituintes bioactivos mais importantes incluem alcalóides, taninos, flavonóides, saponinas e compostos fenólicos.

Algumas das ervas e especiarias úteis são originárias de África e incluem o gengibre *(Zingiber officinale),* o alho *(Allium sativium), a* folha de perfume *(Ocimum gratissimum)*, a folha amarga (*Vernomnia amygdalia*). Foi relatado que melhoram o desempenho dos animais de criação (Muhammad *et al.*, 2009).

O papel destas ervas e especiarias na melhoria do desempenho dos animais pode ser compreendido através da sua ação antioxidante, ação antimicrobiana, impacto na palatabilidade e na função intestinal e redução da emissão de metano nos ruminantes.

A. Ação antioxidante

Um antioxidante é qualquer substância que, quando presente numa concentração baixa comparada com a de um "substrato oxidável", atrasa ou impede significativamente a oxidação desse "substrato" (Aruoma *et al.*, 1997; Imark *et al.*, 2000).

Embora os antioxidantes estejam associados principalmente à inibição da peroxidação lipídica, os radicais livres também podem causar danos noutros componentes, pelo que o "substrato oxidável" inclui quase tudo o que se encontra nos alimentos para animais e nos tecidos vivos, como as proteínas, os lípidos, os hidratos de carbono e o ADN (Eskin e Robinson, 2000). Os antioxidantes são frequentemente adicionados para atrasar o início ou retardar o desenvolvimento do ranço devido à oxidação (Imark, *et al.*, 2000). Tal como a oxidação pode causar ferrugem e deterioração nos metais, a oxidação nos alimentos para animais pode resultar em ranço, destruição de vitaminas, A, D, E, pigmentantes e aminoácidos, com a consequente diminuição do valor biológico. A rancidez oxidativa é uma reação química em que o oxigénio ataca um ponto fraco (ligação dupla) na gordura, formando peróxidos. Estes peróxidos atacam as moléculas de gordura, levando à destruição das vitaminas lipossolúveis e de outros nutrientes. Do mesmo modo, os ácidos gordos insaturados sofrem uma perda de hidrogénio, resultando na formação de radicais livres no local da insaturação (Nwabugwu, 2010).

Se a matéria-prima em que esta reação tem lugar não contiver alguns antioxidantes eficazes, o radical livre é rapidamente convertido num radical livre peróxido de ácido gordo e num hidroxperóxido de ácido gordo (Nwachukwu, 2009). Um antioxidante pode bloquear esta peroxidação fornecendo um hidrogénio ao primeiro radical livre formado, reconvertendo-o assim no ácido gordo original. Se for permitida a formação de hidroperóxidos, estes continuam a decompor-se, decompondo-se numa variedade de aldeídos e cetonas (Nwachukwu, 2009). Estes processos químicos geram moléculas altamente reactivas que resultam em ranço nos alimentos para animais, responsável pela produção de um odor desagradável e desagradável e pela redução da palatabilidade e da energia metabolizável dos alimentos para animais e das gorduras (Young e Mcenergy, 2001). O estudo dos vários problemas resultantes da oxidação descontrolada e das formas de controlar estes processos de oxidação continua a ser uma preocupação na gestão dos alimentos para consumo humano e animal.

Os antioxidantes podem atuar nas membranas celulares ou nos produtos alimentares: eliminando os radicais livres que iniciam a oxidação, removendo as espécies reactivas de oxigénio, como os radicais de oxigénio, quebrando a cadeia de reação iniciada, extinguindo/eliminando o oxigénio singlete, destruindo os peróxidos para evitar a formação de radicais e removendo o oxigénio ou diminuindo a concentração/pressão local de oxigénio (Pryor, 1993; Eskin e Robinson, 2000; Budason, 2000; Benzenic, 2003).

Foi demonstrado que as ervas aromáticas e as especiarias exercem propriedades antioxidantes (Cuppett e Hall, 1998; Nakatani, 2000). A propriedade antioxidante de muitos compostos fitogénicos pode contribuir para a proteção dos lípidos dos alimentos contra os danos oxidativos. Espécies vegetais como o gengibre, a folha de perfume, o alho, bem como outras plantas ricas em flavonóides, foram descritas como exercendo propriedades antioxidantes (Nakatani, 2000; Nwachukwu,

2009).

As actividades antioxidantes de algumas especiarias foram testadas através da avaliação do índice de peróxidos de um lípido contendo extractos destas plantas ao longo do tempo (Aruoma *et al.*, 1997; Nwachukwu, 2009). O índice de peróxidos é utilizado para monitorizar o desenvolvimento de rancidez através da avaliação da quantidade de peróxidos gerados nos produtos (substrato). O índice de peróxidos é normalmente inferior a 10 mEq/kg quando uma amostra de gordura é fresca. O sabor e o cheiro a ranço começam a aparecer quando o valor de peróxidos se situa entre 20 e 40 mEq/kg (Onwuka, 2005). O índice de peróxidos do óleo é também uma medida do seu teor de oxigénio.

Uma implicação da ação inibidora da peroxidação das ervas, especiarias e seus produtos nos alimentos para animais pode ser a melhoria da ingestão de alimentos e do ganho de peso, evitando problemas de redução da palatabilidade e da energia metabolizável associados ao processo químico de peroxidação ou rancidez.

B. Ação anti microbiana

Sabe-se que as ervas aromáticas e as especiarias exercem acções antimicrobianas contra agentes patogénicos importantes, incluindo fungos (Junaid *et al.*, 2006). As substâncias activas são em grande parte as mesmas responsáveis pelas propriedades antioxidantes, sendo os compostos fenólicos os principais componentes activos (Burt, 2004). Considera-se que o modo de ação antimicrobiano resulta principalmente do potencial dos óleos essenciais hidrofóbicos destas plantas para penetrarem na membrana celular bacteriana, desintegrarem as estruturas da membrana e causarem fugas de iões (Lee *et al.*, 2004; Windisch *et al.*, 2007).

Foi relatada a atividade antimicrobiana de uma variedade de ervas e especiarias (Junaid *et al.*, 2006; Anyanwu, 2010). Junaid *et al.*, (2006) indicaram a eficácia antimicrobiana dos extractos de folhas de *Ocimum gratissimum* em alguns isolados bacterianos como *Aeromonas hydrophila*, *Bacillus cereus*, *E.coli*, *Salmonella typhimurium* e *Yersinia enterocolitica*

A utilização de ervas aromáticas e especiarias, bem como dos seus produtos, nas rações tem como principal objetivo aproveitar o seu potencial antimicrobiano para melhorar o desempenho. A sua utilização na produção de frangos e suínos tem sido registada (Al-Harthi, 2006; Odoemelam *et al.*, 2013). Pelo menos no caso dos frangos de carne, não se pode excluir um potencial antimicrobiano global dos compostos fitogénicos in vivo (Windisch *et al.*, 2007; Muhammad *et al.*, 2009).

Seria de esperar que a ingestão de ervas aromáticas e especiarias ou dos seus produtos afectasse a composição e a população da microflora gastrointestinal, controlando assim os potenciais agentes patogénicos (Roth e Kirchgessner, 1998). Como resultado desta saúde intestinal mais estabilizada, os animais estão menos expostos a toxinas microbianas e a outros metabolitos microbianos indesejáveis, como o amoníaco e as aminas biogénicas (Eckel *et al.*, 1992). Também são relativamente aliviados do stress das defesas imunitárias durante situações críticas, bem como uma maior disponibilidade de nutrientes essenciais para absorção, ajudando assim os animais a crescerem melhor no âmbito do seu potencial genético.

C. Impacto na palatabilidade, na função intestinal e na digestão

Há sugestões de que as especiarias e as ervas aromáticas podem afetar positivamente a digestão dos alimentos (Mellor, 2000). Uma vasta gama de especiarias, ervas e respectivos extractos são conhecidos na medicina por exercerem acções benéficas no trato digestivo, tais como efeitos laxantes, espasmolíticos ácidos e prevenção da flatulência (Chrubasik *et al.*, 2005). Estudos relataram o efeito das especiarias ou dos seus componentes activos na secreção de sais biliares (Bhat *et al.*, 1984; Sambaiah e Srinivasan, 1991). Platel e Srinivasan (2004) referiram que a estimulação das secreções digestivas, por exemplo saliva, bílis e muco, e o aumento da atividade enzimática são o seu principal modo de ação nutricional. Foi demonstrado que as actividades in vitro da lipase e da amilase pancreáticas do rato aumentam significativamente quando postas em contacto com várias especiarias e extractos de especiarias (Rao *et al.*, 2003). Do mesmo modo, foi demonstrado que os óleos essenciais utilizados como aditivos alimentares para frangos de carne aumentam as actividades da tripsina e da amilase (Lee *et al.*, 2004; Jang *et al.*, 2004).

Também foi relatado que estimulam a secreção intestinal de muco em frangos de corte. Presume-se que este efeito prejudica a aderência de agentes patogénicos, estabilizando assim a eubiose microbiana no intestino dos animais (Jamroz *et al.*, 2006).

As ervas aromáticas e as especiarias ou os seus produtos são frequentemente indicados para melhorar o sabor e a palatabilidade dos alimentos, ajudando assim o animal a obter um melhor desempenho.

As experiências que validam estas afirmações são bastante limitadas. Os efeitos específicos dos aromas no desempenho dos frangos não foram objeto de muita atenção, possivelmente porque as aves de capoeira podem não reagir de forma aguda aos aromas quando comparadas com os suínos (Moran, 1982). Também Moran, (1982) indicou que os efeitos dos aromas no desempenho das aves de capoeira são considerados negligenciáveis.

2.4.1 Ocimum gratissimum (folha de perfume).

O Ocimum gratissimum é também conhecido como manjericão africano. Pertence ao Reino:Plantae, Ordem: Lamiales, Família: Lamiacea, Género: Ocimum, e Espécie: *Ocimumgratissimum*. Os seus nomes vernáculos incluem: Ncho-achrou, Ahuji (Igbo), Efinrin (Yoruba), Aramogbo (Edo) e Daidoya (Hausa) (Effrain *et al.*, 2000). É utilizada naturalmente no tratamento de diferentes doenças, que incluem: infecções do trato respiratório superior, diarreia, dores de cabeça, conjuntivite, doenças de pele, pneumonia, doenças dos dentes e das gengivas, febre e como repelente de mosquitos (Ilori *et al.*, 1996).

O Ocimum gratissimum é um vegetal de folha, e uma boa fonte de fibra alimentar, carotenóides, vitamina C, foliato, fotoquímicos e certos minerais, mas tem baixas concentrações de proteínas, hidratos de carbono digeríveis e lípidos (Wills *et al.*, 1998). É fácil de cultivar e constitui um meio económico de combater a carência de vitaminas e minerais nas regiões menos desenvolvidas do mundo. *O Ocimum gratissimum* encontra-se em todas as regiões tropicais e subtropicais, tanto em estado selvagem como cultivado.

O óleo essencial de *Ocimum gratissimum* contém eugenol e mostra alguma evidência de atividade antibacteriana (Celso *et al.*, 2002). Um estudo em cabras descobriu que o óleo essencial tem atividade anti-helmíntica (Pessoa *et al.,* 2002). Um teste em porquinhos-da-índia encontrou evidências de que o óleo essencial relaxa os músculos dos distúrbios do intestino delgado (Socorro *et al.,* 2002). Um estudo em ratos encontrou evidências de que um extrato de folha da planta previne a diarreia (Veronica e Unoma, 1999).

O óleo de folha perfumada é ativo contra várias espécies de bactérias (*Escherichia coli, Shigella, Salmonella* e *Proteus)* e fungos *(Trichophyton rubrum* e *Trichophyton mentagrophytes)* (Nakamura *et al.,* 1999; Nwosu e Okafor, 1995; Oboh *et al.,* 2009).

O manjericão africano é utilizado por diversas razões. Na culinária, é utilizado em saladas, sopas, massas, vinagres e geleias em muitas partes do mundo. O agente antidiarreico e para o tratamento da conjuntivite, instilando-o diretamente nos olhos; o óleo das folhas, quando misturado com álcool, é aplicado como loção para infecções cutâneas e tomado internamente para a bronquite. As folhas secas são baralhadas para aliviar dores de cabeça e febre, entre outras utilizações (Iwu, 1993).

2.4.2 *Vernonia amygdalina* (folha amarga)

A Vernonia amygdalina, vulgarmente designada por folha amarga, é a espécie mais cultivada do género *Vernonia,* que tem cerca de 1.000 espécies de arbustos (Muanya, 2013). Pertence à família *Astaraceae.* É cultivada vegetativamente através do corte do caule num ângulo de 45^0 C e é popular na maioria dos países da África Ocidental, incluindo a Nigéria, os Camarões, o Gabão e a República Democrática do Congo. O seu nome deriva do nome do botânico inglês William Vernon. Também é conhecida como erva-de-ferro. Pode adaptar-se a uma variedade de climas, ao contrário de outras plantas que são nativas de determinadas áreas. É cultivada em muitos países, em zonas de savana e campos cultivados (Ibrahim *et al.,* 2010).

Embora seja mais popularmente utilizada para fins alimentares, também tem sido tradicionalmente utilizada pelas suas propriedades medicinais (Swee *et al.,* 2010). Fiel ao seu nome, a folha amarga é amarga ao paladar mas surpreendentemente deliciosa nas refeições (Abosi e Rasoreka, 2003). A folha amarga é chamada Omjunso na África Oriental, especialmente na Tanzânia, Onugbo em Igbo-Leste da Nigéria 26

e Orugbo entre as tribos Itsekiri e Urhobo na Nigéria, Ewuro (Yoruba), Etidot (Ibibio), Ityuna (Tiv), Oriwo (Edo), Chusa-doki Shiwaka (Hausa).

A planta é utilizada para o tratamento da iterícia, diarreia, diabetes e tuberculose com o desenvolvimento de suplementos alimentares à base de folhas amargas que se revelaram muito promissores em estudos químicos (Muanya, 2013). As preparações poli herbáceas com folha amarga como ingredientes activos reforçam o sistema imunitário através da regulação de muitas citocinas e quimiocinas (Muanya, 2013). A erva não só baixa suficientemente o nível de açúcar no corpo, como também desempenha um papel na reparação do pâncreas. A folha amarga é um ingrediente tradicional na cozinha africana. A folha amarga pode reduzir o colesterol mau e o colesterol total. É uma fonte abundante de antioxidantes.

A folha amarga é uma fonte abundante de ácidos gordos poli-insaturados, ácido linoleico e ácido linolénico, e estes ácidos gordos poli-insaturados foram considerados protectores contra doenças cardiovasculares (Tapsell, 2006). É muito útil no tratamento do fígado e dos rins. Acalma as articulações inflamadas e elimina as dores comuns aos doentes com artrite ou reumatismo (Okoli *et al.*, 2007). A folha amarga também é utilizada em zoofarmacologia, por exemplo, na natureza, observou-se que os chimpanzés ingerem as folhas quando sofrem de infecções parasitárias. Etnobotanicamente, as folhas da folha amarga podem ser consumidas como vegetais (folhas maceradas em sopas) ou extractos aquosos como tónicos para várias doenças (Sabiu e Wudii, 2011). Muitos herboristas e médicos naturopatas recomendam extractos aquosos de folha amarga aos seus pacientes para emese, perda de apetite induzida por ambrósia, disenteria e outros problemas do trato gastrointestinal (Schiffers, 2000).

2.5 NUTRIÇÃO E HEMATOLOGIA

A hematologia refere-se ao estudo do número e da morfologia dos elementos celulares do sangue - os glóbulos vermelhos (eritrócitos), os glóbulos brancos (leucócitos) e as plaquetas (trombócitos) - e à utilização destes resultados no diagnóstico e monitorização de doenças (Iheukwumere e Herbert, 2002). O sangue transporta ou transporta nutrientes e materiais para diferentes partes do corpo. Por conseguinte, o que quer que afecte o sangue - medicamentos, organismos patogénicos ou nutrição - afectará certamente todo o corpo, de forma adversa ou moderada, em termos de saúde, crescimento, manutenção e reprodução (Isaac *et al.*, 2013). Um meio rápido e prontamente disponível para avaliar o estado de saúde clínico e nutricional dos animais em ensaios de alimentação pode ser a utilização de análises sanguíneas, uma vez que a ingestão de componentes da dieta tem efeitos mensuráveis na composição sanguínea (Islam *et al.*, 2004; Iwuji e Herbert, 2012), e pode ser considerada uma medida adequada do estado nutricional a longo prazo (Johnston e Morris, 1996). De acordo com Kabir *et al.* (2011), os estudos hematológicos têm sido considerados úteis para o prognóstico de doenças e para a monitorização da terapêutica e do stress alimentar. Khan *et al.*, (1994) observaram que a nutrição tinha um efeito significativo sobre os valores hematológicos, como o volume de células compactadas (PCV), a hemoglobina (Hb) e os glóbulos vermelhos (RBC). Khan e Zafar, (2005), referiram que, quando os valores hematológicos se situam dentro do intervalo normal registado para o animal, é uma indicação de que as dietas não apresentam qualquer efeito adverso nos parâmetros hematológicos durante o período experimental, mas quando os valores se situam abaixo do intervalo normal, é uma indicação de anemia. Os valores baixos dos parâmetros hematológicos, tal como referido por Kleinbeck e McGlone (1999), podem dever-se aos efeitos nocivos de um teor alimentar elevado. O estado fisiológico e nutricional dos animais poderia causar diferenças nos valores observados para o volume de células compactadas e o volume celular médio. O estado imunitário é uma função dos leucócitos, neutrófilos e linfócitos. Sabe-se que os linfócitos desempenham um papel fundamental no sistema de defesa imunitária do homem e dos animais (Kurtoglu *et al*, 2005). Quando os leucócitos, os neutrófilos e os linfócitos se encontram dentro dos valores normais, isso indica que os padrões alimentares não afectam o sistema imunitário. A maior parte das anomalias imunológicas observadas na desnutrição são normalmente corrigidas após a reabilitação nutricional (Kurtoglu *et al.*, 2005). De acordo com

Daramola *et al.,* (2005), o aumento do rácio neutrófilos: linfócitos é um bom indicador de stress que pode ser nutricional.

As células sanguíneas surgem na medula óssea a partir de células estaminais capazes de sofrer processos de proliferação e diferenciação no microambiente hematopoiético (Maton *et al,* 1993; Mereck manual, 2012). Uma hematopoese adequada depende de um microambiente da medula óssea intacto e funcional, que é um ambiente totalmente competente para fornecer os sinais adequados através da produção de factores solúveis e de interacções de contacto célula-célula que regulam por vários mecanismos, direta ou indiretamente, a auto-renovação, a proliferação, a sobrevivência, a migração e a diferenciação das células hematopoiéticas (manual Mereck, 2012).Alimentar as aves com dietas deficientes em proteínas diminui a produção de células sanguíneas, levando à hipoplasia da medula óssea e induzindo alterações estruturais que interferem com a imunidade inata e adaptativa (Mmereole, 2008). Além disso, Ogunbajo (2009) referiu que a desnutrição proteica, resultante da alimentação das aves com dietas deficientes em proteínas, resulta em alterações patológicas que estão associadas a leucopenia, hipoplasia da medula óssea e alterações no microambiente da medula óssea que conduzem a uma falha hematopoiética. De acordo com Oguz *et al.* (2000), a manutenção de uma dieta antioxidante foi associada a uma melhor recuperação da medula óssea após irradiação subletal ou potencialmente letal. A suplementação oral com combinações de antioxidantes que contêm L-selenometionina (SeM), vitamina C, succinato de vitamina E, ácido alfa-lipóico e NAC parece ser uma abordagem eficaz para a radioprotecção das células hematopoiéticas e para a melhoria da sobrevivência dos animais, e a modulação da apoptose está implicada como um mecanismo de radioprotecção do sistema hematopoiético por antioxidantes.

2.5.1 ANÁLISE HEMATOLÓGICA

A hematologia é o estudo da morfologia e da fisiologia do sangue (Institute of Biomedical Science, 2013). Wikihow (2013) referiu que a hematologia é o ramo da biologia (fisiologia) que se ocupa do estudo do sangue, dos órgãos que formam o sangue e das doenças do sangue. Rasko (2013) afirmou que a hematologia trata de muitos aspectos das doenças que afectam o sangue, como a anemia. O sangue é um meio importante e fiável para avaliar o estado fisiológico e de saúde de animais individuais (Egbe-Nwiyi *et al.*, 2000). O sangue é útil para avaliar o estado de saúde, para a avaliação clínica do levantamento de condições fisiológicas/patológicas e para a avaliação diagnóstica e prognóstica de vários tipos de doenças em animais (Amel *et al.*, 2006). Os parâmetros sanguíneos alteram-se em função do estado fisiológico de um animal. O exame hematológico é um dos métodos que podem contribuir para a deteção de algumas alterações na saúde e no estado fisiológico, que podem não ser aparentes durante o exame físico, mas que afectam a aptidão do animal (Bamishaiye *et al.*, 2009). A análise hematológica envolve a determinação de diferentes parâmetros sanguíneos, como o volume de células compactadas, a contagem de glóbulos vermelhos, entre outros, o que pode ser feito utilizando a quantificação eletrónica ou a quantificação manual (Wikihow, 2013). A quantificação eletrónica pode ser feita com a utilização do contador automático e este desloca cerca de 15 parâmetros, ao passo que a quantificação manual do volume de células compactadas (PCV), por exemplo, é feita com a utilização da centrífuga de micro-hematócrito. Esta centrífuga de micro-hematócrito é utilizada para determinar o volume celular compactado (VPC), a partir do qual podem ser obtidos muitos parâmetros (Wikihow, 2013). A melhor forma de determinar os parâmetros sanguíneos é através do dispositivo eletrónico denominado autocontador, porque fornece valores exactos e a contagem manual de glóbulos vermelhos é obsoleta e imprecisa. No entanto, a quantificação manual também é utilizada para confirmar se os valores obtidos a partir do contador automático estão correlacionados com o volume de células compactas (PCV).

A utilização do exame de sangue como forma de avaliar o estado de saúde dos animais tem sido documentada (Muhammed *et al.*, 2004; Owoyele *et al.*, 2003). O exame de sangue tem o seu valor tangível na criação de aves de capoeira, uma vez que fornece informações sobre a avaliação da saúde das aves de capoeira, tais como os itens relativos a lesões traumáticas, parasitismo, doenças orgânicas, septicemia bacteriana, deficiência nutricional e também alterações fisiológicas no crescimento dos frangos de carne (Jain, 1993).

Os perfis hematológicos, tanto nos seres humanos como nas ciências animais, são um índice importante do estado fisiológico do indivíduo. A capacidade de interpretar o estado do perfil sanguíneo em condições normais e em condições de doença é uma das suas principais tarefas. Muitos investigadores verificaram que existe uma mudança definitiva no perfil das células sanguíneas ao longo da vida (Khan *et al,* 1987). Não só o quadro sanguíneo se altera com o avançar da idade, como também varia com certas condições, como o stress, a infeção bacteriana, a infeção viral e a intoxicação. O sangue da galinha doméstica contém eritrócitos, trombócitos, leucócitos não granulares e leucócitos granulares, suspensos no plasma. A maior parte dos investigadores estudou o sangue das aves e encontrou um grande grau de variação nos glóbulos vermelhos, que considerou normal. Concluiu-se, após um estudo exaustivo, que os glóbulos vermelhos e outros parâmetros como a hemoglobina e o estrogénio de uma ave variam entre espécies, sendo que outros factores, que afectam as contagens, incluem o sexo e a nutrição fornecida à ave (Sturkie, 2014).

2.5.2 HEMATOLOGIA AVIÁRIA

A hematologia aviária apresenta uma elevada variabilidade intra e interespecífica em condições fisiológicas normais, causada pela riqueza das espécies e pela elevada diversidade da atividade metabólica em função do sexo, idade, estado reprodutivo e estação do ano. Um painel sanguíneo representa o estado atual das células circulantes na corrente sanguínea periférica. Muitos factores de influência causam variações conspícuas, o que faz da análise hematológica uma ferramenta de diagnóstico muito sensível com baixa especificidade (Olafedehan *et al.,* 2010). O sangue pode ser colhido numa variedade de locais nas espécies aviárias. A escolha de um local de colheita de sangue é influenciada pela espécie de ave, pela preferência do coletor, pela condição física da ave e pelo volume de sangue necessário. Para obter melhores resultados, deve ser colhido sangue venoso para estudos hematológicos. O sangue colhido de capilares (por exemplo, sangue de unhas cortadas) resulta frequentemente em distribuições celulares anormais e contém artefactos celulares, como macrófagos e material que não se encontra normalmente no sangue periférico. O sangue a utilizar para hematologia deve ser colhido num tubo de colheita que contenha EDTA (ácido etilenodiaminotetracético) como anticoagulante. Outros anticoagulantes, como a heparina, interferem com a coloração das células e criam uma aglomeração excessiva de células, resultando em contagens e avaliações celulares erróneas (Omiyale *et al.*, 2012). A avaliação do hemograma aviário envolve a contagem das várias células sanguíneas por microlitro de sangue, bem como a avaliação citológica das células. As técnicas envolvidas na avaliação do hemograma aviário são facilmente efectuadas pelo pessoal interno do laboratório veterinário. Uma vez que o sangue das aves não se conserva bem (por exemplo, durante o transporte), os resultados hematológicos obtidos logo após a colheita são preferíveis aos obtidos várias horas depois (Omiyale *et al.*, 2012). O volume sanguíneo das aves depende da espécie e varia entre 5 ml/100 g no pombinho de pescoço anelado e 16,3 a 20,3 ml/100 g no pombo-correio. Em geral, as aves são mais capazes de tolerar perdas de sangue graves do que os mamíferos, o que corresponde a 31

devido a uma maior capacidade de mobilização de fluidos extracelulares. No entanto, existe uma variação acentuada entre as espécies de aves na resposta à perda de sangue, o que pode ser um reflexo de diferenças no volume sanguíneo ou nos depósitos de fluidos extracelulares (Omiyale *et al.*, 2012). De acordo com Onyeyili *et al.* (1992), o volume médio de sangue da maioria das aves é de aproximadamente 10% do peso corporal. Dez por cento deste volume de 1% do peso corporal da ave podem ser retirados para análise. Em comparação com os mamíferos, as células sanguíneas das aves apresentam características morfológicas únicas, por exemplo, os eritrócitos e os trombócitos contêm núcleo

(Olafedehan *et al.*, 2010). As células brancas são semelhantes às linhas de mamíferos, exceto que os neutrófilos de mamíferos são substituídos por heterófilos e as plaquetas de mamíferos são substituídas por trombócitos. Os diferenciais importantes para a leucocitose com heterofilia profunda e monocitose incluem a clamidofilose, a aspergilose e a tuberculose.

Ovuru e Ekweozor, (2004), referiram que a interpretação das células sanguíneas das aves coloca muitos desafios. Segundo Onyeyili, *et al.* (1992), o PCV normal das aves varia entre 35 e 55%. Um PCV inferior a 35% é indicativo de anemia e um PCV superior a 55% é sugestivo de desidratação ou policitemia. Um aumento da policromasia dos glóbulos vermelhos é indicativo de regeneração dos glóbulos vermelhos. Em aves normais, o número de eritrócitos policromáticos (ou reticulócitos) encontrados no sangue periférico varia entre um e cinco por cento dos eritrócitos (Omiyale *et al.*, 2012).

Existe uma grande variação nos leucogramas normais entre aves da mesma espécie. Em geral, uma contagem total de leucócitos superior a 10 000/pl é considerada sugestiva de leucocitose em psitacídeos adultos domesticados. Uma contagem normal de trombócitos que varia entre 20 000 e 30 000/pl de sangue ou 10 a 15/1000 eritrócitos pode ser utilizada como referência geral para a maioria das aves (Omiyale *et al,* 2012).

2.5.3 PARÂMETROS HEMATOLÓGICOS

Os parâmetros hematológicos são bons indicadores do estado fisiológico dos animais de criação (Etim, 2010). Os parâmetros hematológicos habitualmente utilizados são os eritrócitos (glóbulos vermelhos, RBC), os leucócitos (glóbulos brancos, WBC), a concentração de hemoglobina (HBC), o volume de células compactadas (PCV) e valores que incluem o volume corpuscular médio (MCV), ou a hemoglobina corpuscular média das células, a concentração de hemoglobina corpuscular média (MCHC) (Chineke *et al.,* 2006).

1. Contagem de glóbulos vermelhos

Os glóbulos vermelhos são eritrócitos especializados no transporte de oxigénio na presença de hemoglobina no interior dos eritrócitos, o que também contribui para a coloração vermelha do sangue. Os glóbulos vermelhos são produzidos na medula óssea. A contagem de glóbulos vermelhos é uma estimativa do número de glóbulos vermelhos por litro de sangue. Um número anormalmente baixo de glóbulos vermelhos pode indicar anemia resultante de perdas de sangue, de insuficiência da medula óssea e de má nutrição, como carência de ferro, excesso de hidratação ou danos mecânicos nos glóbulos vermelhos. Um número anormalmente elevado de glóbulos vermelhos pode indicar uma doença cardíaca congénita, algumas doenças pulmonares, desidratação, doença renal ou policitemia vera (Aiello, 1998).

De acordo com Awodi *et al.,* (2005) e Chineke *et al.,* (2006), as funções primárias dos eritrócitos são servir de transportador de hemoglobina. É esta hemoglobina que reage com o oxigénio transportado no sangue para formar oxihemoglobina durante a respiração. A quantidade de oxigénio que os tecidos recebem depende da quantidade e da função das hemácias e da hemoglobina (Wikipedia, 2013). Os índices incluem:

- Tamanho médio dos glóbulos vermelhos (MCV)

- Quantidade de hemoglobina por célula sanguínea (MCH)

- A quantidade de hemoglobina em relação ao tamanho da célula (concentração de hemoglobina) por glóbulo vermelho (MCHC) (Bunn, 2011).

Um número de hemácias superior ao normal pode dever-se a uma doença cardíaca congénita, desidratação (por exemplo, devido a diarreia grave), níveis baixos de oxigénio no sangue (hipoxia), policitemia vera, entre outros. Quando um animal passa para uma atitude mais elevada, a contagem de hemácias aumenta durante várias semanas (Bunn, 2011). A contagem de hemácias abaixo do normal pode ser causada por anemia, insuficiência da medula óssea (por exemplo, por radiação, toxinas ou tumor), deficiência de eritropoietina (secundária a doença renal), hemólise (destruição de hemácias por lesão de vasos sanguíneos ou outras causas), hemorragia (sangramento), desnutrição, deficiências nutricionais de ferro, cobre, folato, vitamina B12, vitamina B6, desidratação, gravidez, entre outras. Alguns medicamentos também diminuem a contagem de hemácias (Bunn, 2011). As causas específicas de anomalias eritrocitárias que podem manifestar-se em perdas crónicas de sangue incluem diarreia sanguinolenta, hemorragias, parasitas sugadores de sangue, entre outras (Chineke *et al,* 2006).

2. Volume de células compactadas

O termo hematócrito (Ht ou HCT), também conhecido como Packed Cell Volume (PCV) ou fração de volume eritrocitário (EVF), é a percentagem de volume (%) de glóbulos vermelhos no sangue (Purves *et al.,* 2004). Ou a proporção do volume de sangue que é ocupada por glóbulos vermelhos (Wikihow, 2013). O hematócrito é um teste que mede a percentagem de sangue que é composta por glóbulos vermelhos (DeMoranville e Best, 2013). O hematócrito ou volume de células compactadas (PCV) é considerado uma parte integrante do resultado do hemograma completo de um animal, juntamente com a concentração de hemoglobina, a contagem de glóbulos brancos e a contagem de plaquetas (Wikihow, 2013). O volume de células compactadas (PCV) pode ser determinado centrifugando o sangue heparinizado num tubo capilar (também conhecido como tubo de microhematócrito) a 10 000 RPM durante 5 minutos (DeMoranville e Best, 2013). Isto separa o sangue em camadas. O volume de glóbulos vermelhos compactados dividido pelo volume total da amostra de sangue dá o volume de células compactadas (PCV). Uma vez que é utilizado um tubo, este pode ser medido através da medição dos comprimentos das camadas. Com equipamento laboratorial moderno, o hematócrito é calculado por um analisador automático e não medido diretamente. É determinado multiplicando a contagem de glóbulos vermelhos pelo volume celular médio (VCM). O hematócrito é ligeiramente mais exato, uma vez que o volume celular compactado (PCV) inclui pequenas quantidades de plasma sanguíneo retido entre os glóbulos vermelhos. De acordo com a Wikipédia (2013), o volume celular compactado (PCV) dos animais pode ser determinado para conhecer o seu estado de anemia; o hematócrito é utilizado para examinar o animal e determinar a extensão da anemia. De acordo com a Wikipedia (2013), o volume corpuscular médio (VCM) e a largura de distribuição dos glóbulos vermelhos (LDR) podem ser bastante úteis na avaliação de um hematócrito inferior ao normal, uma vez que o hematócrito é simplesmente uma medida de quanto do volume de sangue é constituído por glóbulos vermelhos. O VCM é o tamanho dos glóbulos vermelhos e o RDW é uma medida relativa da variação do tamanho da população de glóbulos vermelhos. Um hematócrito baixo com um VCM baixo e um RDW elevado sugere uma anemia crónica por deficiência de ferro, que resulta numa síntese anormal de hemoglobina durante a eritropoiese (Wikipedia, 2013). Um hematócrito elevado está mais frequentemente associado a desidratação, que é uma diminuição da quantidade de água nos tecidos, diarreia, etc. Estas condições reduzem o volume do plasma, provocando um aumento relativo das hemácias, que as concentra, o que se designa por hemoconcentração. Kopp e Hetesa (2000) e Chineke *et al.* (2006) documentaram que uma leitura elevada do hematócrito PCV indica um aumento do número de hemácias circulantes ou uma redução do volume plasmático circulante. Um hematócrito elevado também pode ser causado por um aumento absoluto de células sanguíneas, designado policitemia. Esta situação pode ser secundária a uma diminuição da quantidade de oxigénio, chamada hipoxia, ou resultar da proliferação de células formadoras de sangue na medula óssea (policitemia vera) (DeMoraville e Best, 2013).

3. Volume Corpuscular Médio

O volume corpuscular médio ou "volume celular médio" (VCM) é uma medida do volume médio de glóbulos vermelhos que é indicada como parte de um hemograma completo normal. O VCM é calculado dividindo o volume total de glóbulos vermelhos concentrados (também conhecido como hematócrito) pelo número total de glóbulos vermelhos. O número resultante é depois multiplicado por 10. Nos animais com anemia, é a medição do VCM que permite a classificação como anemia microcítica (VCM abaixo do intervalo normal), anemia normocítica (VCM dentro do intervalo normal). Macrocítica (VCM acima do intervalo normal). A anemia normocítica é geralmente considerada como tal porque a medula óssea ainda não reagiu com uma alteração do volume celular. Ocorre ocasionalmente em situações agudas, nomeadamente perdas de sangue e hemólise.

Para calcular o VCM, expresso em femolitros (fl,), é utilizada a seguinte fórmula: 10 x hematócrito (%) dividido pela contagem de hemácias (milhões/pl).

- Utilização de contadores automáticos de células sanguíneas sensíveis ao volume, como o contador coulter. Neste tipo de aparelho, os glóbulos vermelhos passam um a um através de uma pequena abertura e geram um sinal diretamente proporcional ao seu volume (Wikipedia, 2013).

- Outros contadores automáticos medem o volume dos glóbulos vermelhos através de técnicas que medem a luz refractada, difractada ou dispersa (Stanley *et al.*, 2011).

Se o VCM foi determinado por equipamento automático, o resultado pode ser comparado com a morfologia das hemácias em um esfregaço de sangue periférico. Qualquer desvio é geralmente indicativo de avaria do equipamento ou de erro do técnico, embora existam algumas doenças que apresentam um VCM elevado sem células megaloblásticas. Para mais especificações, pode ser utilizado para calcular a largura da distribuição dos glóbulos vermelhos. A deficiência de vitamina B12 e/ou de ácido fólico também tem sido associada a anemia macrocítica (valores elevados de VCM). As causas mais comuns de anemia microcítica são a deficiência de ferro (devido a uma ingestão alimentar inadequada, perda de sangue gastrointestinal), ou doenças crónicas, entre outras (Wikipedia, 2013).

4. Hemoglobina

A hemoglobina é a metaloproteína transportadora de oxigénio, que contém ferro, presente nos glóbulos vermelhos de todos os vertebrados (Maton *et al.*, 1993), com exceção dos peixes da família Channichthyldae (Sidell e Kristin, 2006), bem como nos tecidos de alguns invertebrados. A hemoglobina no sangue transporta o oxigénio dos órgãos respiratórios (pulmões ou brânquias) para o resto do corpo, onde liberta o oxigénio para queimar nutrientes e fornecer energia para alimentar as funções do organismo, e recolhe o dióxido de carbono resultante para os órgãos respiratórios para ser eliminado dos organismos. Nos mamíferos, a proteína constitui cerca de 97% do conteúdo seco dos glóbulos vermelhos (em peso) e cerca de 35% do conteúdo total (incluindo a água) (Weed *et al.*, 1963). A hemoglobina tem uma capacidade de ligação ao oxigénio de 1,34 ml de oxigénio por grama de hemoglobina (Dominguez *et al.*, 1981), o que aumenta a capacidade total de oxigénio no sangue para o dobro da capacidade de dissolução do oxigénio no sangue. A hemoglobina dos mamíferos pode ligar (transportar) até quatro moléculas de oxigénio.

A hemoglobina também se encontra fora dos glóbulos vermelhos (Biagioli *et al.*, 2009; Wikipedia, 2013). A oxihemoglobina é formada durante a respiração fisiológica quando o oxigénio se liga ao componente heme da proteína hemoglobina nos glóbulos vermelhos. O processo ocorre nos capilares pulmonares adjacentes aos alvéolos dos pulmões. A hemoglobina desoxigenada é a forma de hemoglobina sem o oxigénio ligado.

Os animais utilizam diferentes moléculas para se ligarem à hemoglobina e alterarem a sua afinidade com o oxigénio em condições desfavoráveis. A deficiência de hemoglobina pode ser causada quer pela diminuição da quantidade de moléculas de hemoglobina, como na anemia, quer pela diminuição da capacidade de cada molécula se ligar ao oxigénio à mesma pressão parcial de oxigénio (Wikipedia, 2013). Em qualquer dos casos, a deficiência de hemoglobina diminui a capacidade de transporte de oxigénio no sangue. Em geral, a deficiência de hemoglobina distingue-se rigorosamente da hipoxemia, definida como uma diminuição da pressão parcial de oxigénio no sangue (Wikipedia, 2013). Outras causas comuns de hemoglobina baixa incluem perda de sangue, deficiência nutricional e problemas na medula óssea, entre outras. Níveis elevados de hemoglobina podem ser causados por exposição a grandes altitudes, desidratações, tumores, entre outros. A capacidade de cada molécula de hemoglobina transportar oxigénio é normalmente modificada pela alteração do pH do sangue ou da concentração de dióxido de carbono, provocando uma alteração da curva de dissociação oxigénio-hemoglobina. No entanto, também pode ser alterada patologicamente, por exemplo, no envenenamento por monóxido de carbono (Wikipédia, 2013).

5. Hemoglobina corpuscular média

A hemoglobina corpuscular média ou "hemoglobina celular média" (HCM) é a massa média de hemoglobina por glóbulo vermelho numa amostra de sangue (Wikipedia, 2013). É registada como parte de um hemograma completo normal. O valor da MCH está diminuído na anemia hipocrómica. Calcula-se dividindo a massa total de hemoglobina pelo número de glóbulos vermelhos num volume de sangue. MCH = (Hgb x 10)/RBC. Conversão para unidades SI: 1pg de hemoglobina = 0,06207 femtomol (Gernsten, 2009).

6. Concentração média de hemoglobina corpuscular

Segundo a Wikipédia (2013), a concentração média de hemoglobina corpuscular (CHCM) é uma medida da concentração de hemoglobina num determinado volume de glóbulos vermelhos. A CHCM é muito importante para o diagnóstico da anemia e também serve como um índice útil da capacidade da medula óssea para produzir glóbulos vermelhos. É indicada como parte de um hemograma completo normal. É calculado dividindo a hemoglobina pelo hematócrito (Gernsten, 2009).

Devido à forma como os analisadores automáticos contam os glóbulos vermelhos, uma MCHC muito elevada (superior a cerca de 300g/l) pode indicar que o sangue é de um animal com aglutinação pelo frio. Isto significa que quando o sangue fica mais frio do que 37 °C, começa a aglutinar-se. Como resultado, o analisador pode indicar incorretamente um número baixo de glóbulos vermelhos muito densos para amostras de sangue em que tenha ocorrido aglutinação. Este problema é normalmente detectado pelo laboratório antes de o resultado ser comunicado. O sangue é aquecido até que as células se separem umas das outras, e rapidamente colocado na máquina enquanto ainda está quente. Este é o teste mais sensível para detetar a anemia por deficiência de ferro (Wikipedia, 2013).

7. Contagem de glóbulos brancos (WBC)

Os glóbulos brancos (WBC) ou leucócitos são células do sistema imunitário envolvidas na defesa do organismo contra infecções, doenças e materiais estranhos (Medline Plus, 2012; Wikipedia, 2013). A contagem de glóbulos brancos é um exame para determinar o número de leucócitos. Existem cinco tipos diferentes e diversos de leucócitos, mas todos são produzidos e derivados de uma célula multipotente da medula óssea conhecida como célula estaminal hematopoiética. Vivem cerca de 3 a 4 dias no corpo humano e animal médio. Os leucócitos encontram-se em todo o corpo, incluindo no sangue e no sistema linfático (Maton *et al.*, 1993). O número de leucócitos no sangue é frequentemente um indicador de doença. Normalmente, existem cerca de 7000 glóbulos brancos por microlitro de sangue. Representam aproximadamente 1% do volume total de sangue num animal adulto saudável. Um aumento do número de leucócitos acima dos limites superiores é designado por leucocitose e uma diminuição abaixo do limite inferior é designada por leucopénia. Um número elevado de leucócitos indica outro problema, como infeção, stress, inflamação, traumatismo, alergia ou certas doenças, pelo que uma contagem elevada de leucócitos requer uma investigação mais aprofundada. Vanlencia (2012) referiu

que uma contagem elevada de glóbulos brancos pode ser causada por infeção, distúrbios do sistema imunitário e stress, entre outros. Noutros estudos, foi referido que um número elevado de leucócitos pode dever-se a anemia, tumor da medula óssea, doenças infecciosas, doenças inflamatórias, stress físico grave, danos nos tecidos (por exemplo, queimaduras), entre outros (Bagby, 2007; Dinauer e Coates, 2008; Dugdale, 2011). Um número baixo de leucócitos 38
pode dever-se a deficiência ou insuficiência da medula óssea (por exemplo, devido a infeção, tumor ou cicatrização anormal), doença do fígado ou do baço, radioterapia ou exposição (Bagby, 2007; Dinauer e Coates, 2008; Dugdale, 2011).

As propriedades físicas dos leucócitos, tais como o volume, a condutividade e a granularidade, podem mudar devido à ativação, à presença de leucócitos imaturos ou à presença de leucócitos malignos na leucemia e podem ser reportadas como Dados da População Celular (Wikipedia, 2013). Existem vários tipos diferentes de glóbulos brancos. Todos eles têm muitas coisas em comum, mas são todos distintos em forma e função. Uma das principais características distintivas de alguns leucócitos é a presença de grânulos; os glóbulos brancos são frequentemente caractcrizados como granulócitos ou agranulócitos. Existem três tipos de granulócitos: neutrófilos, basófilos e eosinófilos (Wikipedia, 2013). Os agranulócitos são leucócitos caracterizados pela aparente ausência de grânulos no seu citoplasma. Embora o nome implique uma falta de grânulos, estas células contêm grânulos azurófilos não específicos, que são lisossomas. As células incluem linfócitos, monócitos e macrófagos (Wikipédia, 2013).

De acordo com Mitruka e Rawnsley (1997), a contagem diferencial de leucócitos fornece uma estimativa do número dos 5 principais tipos de glóbulos brancos. Estes são: neutrófilos; monócitos; linfócitos; eosinófilos; e basófilos. Cada um dos 5 tipos tem uma função específica no organismo. Os neutrófilos e os monócitos protegem o corpo contra bactérias e comem pequenas partículas de matéria estranha. Os linfócitos estão envolvidos no processo imunitário, produzindo anticorpos contra organismos estranhos, protegendo contra vírus e combatendo o cancro. Os eosinófilos matam parasitas e estão envolvidos em respostas alérgicas. Um número elevado de eosinófilos pode estar associado a infecções por parasitas ou à exposição a substâncias que provocam reacções alérgicas. Os basófilos também participam nas respostas alérgicas e o aumento da produção de basófilos pode estar associado a perturbações da medula óssea ou a infecções virais. (Ritz *et al.*, 2005).

8. Linfócitos

Os linfócitos são de morfologia grande e pequena, que são de dois tipos: as formas B e T. A B é derivada da medula óssea e a T do timo. A forma B produz anticorpos que se combinam com materiais estranhos ou antigénios, enquanto a forma T é responsável pela regulação do antigénio e pela resposta celular medicamentosa do animal. Os agregados de linfócitos encontram-se na medula óssea das aves, embora os principais locais de linfopoiese nas aves adultas se situem no baço, no fígado, nos intestinos e nas amígdalas cecais. Um aumento da contagem de células de linfócitos é uma indicação de infeção viral. (Dieterian- Lievre, 1988).

2.5.4 FACTORES QUE INFLUENCIAM OS PARÂMETROS HEMATOLÓGICOS DOS ANIMAIS DE CRIAÇÃO

Foram observados factores genéticos e não genéticos que afectam os parâmetros hematológicos dos animais de criação (Kleinbeck e McGlorie, 1999; Xie *et al.*, 2013). Vários factores, incluindo as condições fisiológicas e ambientais, o conteúdo da dieta (Iheukwumere e Herbert, 2002), o jejum, a idade (Seiser *et al.*, 2000), a administração de medicamentos, o tratamento anti-aflatoxinas e a suplementação contínua de vitaminas (Tras *et al.*, 2000) afectam o perfil sanguíneo de um animal saudável. Também se observou que factores como a idade, a nutrição, a saúde do animal, o grau de atividade física, o sexo e os factores ambientais afectam os valores sanguíneos dos animais. Schalm, *at al,* (1975) referiu que as imagens sanguíneas dos animais podem ser influenciadas por determinados factores, como a nutrição, a gestão, as raças de animais, o sexo, a idade, as doenças e os factores de stress. Afolabi *et al,* (2010) afirmaram que os valores hematológicos dos animais de criação são influenciados pela idade, sexo, raça, clima, localização geográfica, estação do ano, duração do dia, hora do dia, estado nutricional, hábitos de vida da espécie, estado atual do indivíduo e outros factores. Carlson (1996) e Johnston e Morris (1996) referiram que, para além dos factores fisiológicos e ambientais que podem afetar os valores sanguíneos, como a idade do animal, foram identificados factores como o ciclo éstrico, a gravidez e o parto, a genética, o método de criação, as raças de animais, o alojamento, a alimentação, o jejum, as condições climáticas extremas, o stress, os exercícios, o transporte, a castração e as doenças.

2.5.5 IMPORTÂNCIA DA DETERMINAÇÃO DOS PARÂMETROS HEMATOLÓGICOS
ÍNDICES

As características hematológicas são parâmetros essenciais para avaliar a saúde e o estado fisiológico dos animais e dos efectivos (Madubuike e Ekenyem 2006). De acordo com Daramola *et al.* (2005), os valores hematológicos podem servir como informação de base para comparação em condições de deficiência de nutrientes, fisiologia e estado de saúde dos animais de criação, especialmente os que são mantidos sob o sistema de criação autóctone na Nigéria. O exame do sangue permite investigar clinicamente a presença de vários metabolitos e outros constituintes no corpo dos animais e desempenha um papel vital no estado fisiológico, nutricional e patológico de um organismo. Também ajuda a distinguir o estado normal do estado de stress, que pode ser nutricional, ambiental ou físico (Aderemi, 2004; Elagib e Ahmed, 2011).

Os parâmetros hematológicos fornecem informações valiosas sobre o estado imunitário dos animais (Kral, 2000). Esta informação, para além de ser útil para efeitos de diagnóstico e gestão, pode igualmente ser incorporada em programas de reprodução para o melhoramento genético das aves de capoeira (Elagib e Ahmed, 2011).

Os parâmetros hematológicos são características do sangue que afectam tanto a saúde como o estado nutricional de um animal. O valor nutritivo de um alimento pode, por conseguinte, refletir-se através de parâmetros como: glóbulos brancos, glóbulos vermelhos, volume de células compactadas, hemoglobina, hemoglobina corpuscular média, linfócitos e neutrófilos.

O hemograma, por vezes designado por exame de sangue completo ou contagem completa de células sanguíneas, é uma das análises ao sangue mais frequentemente efectuadas, pois pode dizer-nos muito sobre o estado da nossa saúde. É importante para diagnosticar doenças em que o número de células sanguíneas é anormalmente elevado ou anormalmente baixo, ou em que as próprias células são anormais.

Um hemograma completo mede o estado de uma série de características diferentes do sangue, incluindo

- a quantidade de hemoglobina no sangue;

- o número de glóbulos vermelhos (contagem de glóbulos vermelhos);

- a percentagem de células sanguíneas em relação ao volume total de sangue (hematócrito ou volume de concentrado de células);

- o volume dos glóbulos vermelhos (volume celular médio);

- a quantidade média de hemoglobina nos glóbulos vermelhos (conhecida como hemoglobina celular média);

- o número de glóbulos brancos (contagem de glóbulos brancos);

- as percentagens dos diferentes tipos de glóbulos brancos (contagem diferencial de leucócitos); e,

- o número de plaquetas.

2.6 FACTORES QUE AFECTAM O DESEMPENHO DOS FRANGOS DE CARNE

1. Alimentação

Existem várias medidas que podem ser utilizadas para avaliar o desempenho de um bando de frangos de carne - taxa de crescimento, dias até ao mercado, mortalidade e eficiência alimentar. A alimentação é normalmente a despesa mais dispendiosa na produção de frangos de carne. Consequentemente, a eficiência alimentar é normalmente a principal ferramenta através da qual um bando é avaliado. A eficiência alimentar é calculada dividindo o consumo de ração pelo ganho de peso, resultando em valores típicos de cerca de 1,8 para frangos de 42 dias de idade. Assim, quanto mais baixo for o valor (referido como rácio de conversão alimentar - FCR), mais eficiente é o bando na utilização dos alimentos fornecidos. Nalguns países europeus, no entanto, a eficiência alimentar é calculada como o ganho de peso dividido pela ingestão de alimentos, e o valor correspondente seria 0,56. Por conseguinte, para a Europa, um valor mais elevado representa uma conversão alimentar mais eficiente.

Atualmente, as empresas de frangos de carne passaram de programas de crescimento normalizados para programas adaptados aos objectivos locais e às condições económicas específicas. Muitos factores afectam a taxa de crescimento e o consumo de ração, afectando assim a eficiência alimentar. O maior fator que afecta a eficiência alimentar é o nível de energia da ração. Há vários anos, eram dadas rações com um elevado nível de energia - por exemplo, 3000 kcal/kg (1361 kcal/lb) na fase de arranque e até 3200-3300 kcal/kg (1452-1497 kcal/lb) na fase de acabamento. Atualmente, devido ao custo dos alimentos ricos em energia, bem como a outros problemas de gestão, são normalmente utilizados valores energéticos muito mais baixos na formulação de todas as dietas de um programa de alimentação. Os frangos de carne também estão a ser criados com uma grande variedade de pesos de mercado. A eficiência alimentar diminui à medida que os frangos envelhecem, pelo que as aves não podem ser comparadas com bandos de diferentes idades.

2. Temperatura da casa

Provavelmente o fator não alimentar mais importante que influencia a conversão alimentar é a temperatura ambiente do galinheiro. As galinhas são homeotérmicas (de sangue quente), o que significa que mantêm uma temperatura corporal relativamente constante, independentemente da temperatura ambiente. Os frangos de carne têm um melhor desempenho quando há uma variação mínima da temperatura do galinheiro durante um período de 24 horas. Existe um compromisso entre a energia fornecida pela ração ou pelo combustível, e a temperatura mais económica dependerá dos preços relativos dos dois.

Num ambiente fresco, os frangos de carne comerão mais ração, mas muitas das calorias que obtêm desta ração serão utilizadas para manter a temperatura normal do corpo. Quando as calorias são utilizadas para o aquecimento, não são convertidas em carne. As temperaturas óptimas permitem que os frangos de carne convertam os nutrientes em crescimento, em vez de utilizarem as calorias para regular a temperatura.

A temperaturas ambientais elevadas, os frangos de carne consomem menos alimentos e convertem esses alimentos de forma menos eficiente. Os mecanismos biológicos de arrefecimento que as aves utilizam durante o tempo quente (ofegar, etc.) requerem energia, tal como os mecanismos de aquecimento durante o tempo frio.

3. Qualidade das camas

As condições da cama influenciam significativamente o desempenho dos frangos de carne e, em última análise, os lucros dos produtores e integradores. A cama é definida como a combinação de material de cama, excrementos, penas, desperdício de ração e desperdício de água. Os frangos de carne não atingem o seu potencial genético num ambiente pobre. A qualidade do ambiente interno é altamente dependente da qualidade da cama. O ambiente da cama é ideal para a proliferação bacteriana e a produção de amoníaco.

O excesso de humidade na cama aumenta a incidência de bolhas mamárias, queimaduras na pele, zonas com crostas, hematomas, condenações e descidas de categoria. Quanto mais húmida for a cama, maior será a probabilidade de promover a proliferação de bactérias e bolores patogénicos. A cama húmida é também a principal causa das emissões de amoníaco, um dos factores ambientais e de desempenho mais graves que afectam atualmente a produção de frangos de carne. O controlo da humidade da cama é o passo mais importante para evitar problemas de amoníaco.

A exposição prolongada a níveis elevados de amoníaco pode resultar em ceratoconjuntivite. No entanto, verificou-se que níveis de amoníaco de apenas 25 ppm deprimem o crescimento e aumentam a conversão alimentar em frangos de carne. Além disso, foram associadas aos níveis de amoníaco nesta concentração maiores incidências de saculite do ar e de infecções virais.

4. Desperdício de alimentos e privação de alimentos

A colocação de demasiada comida nos comedouros para pintos resulta em desperdício de ração e contribui para uma conversão alimentar inferior. Para evitar perdas excessivas de ração, adicione pequenas quantidades de ração às tampas dos comedouros, fazendo funcionar frequentemente os comedouros automáticos durante curtos períodos de tempo. Isto estimulará os pintos a comerem mais vezes. Além disso, este procedimento encorajará os pintos a alimentarem-se rapidamente do equipamento de alimentação automática.

A privação de alimentos pode ocorrer durante o período de crescimento e contribuir para uma conversão alimentar inferior. Isto ocorre frequentemente na primeira vez que o sistema de alimentação automática é levantado. Tenha cuidado para não levantar os comedouros demasiado cedo e/ou demasiado alto durante o ciclo de produção. A privação precoce de ração resultará num crescimento desigual, causando uma fraca uniformidade.

5. Doenças e abate

A saúde geral de um bando influencia as conversões alimentares. Os frangos de carne doentes não têm um bom desempenho. Observe atentamente os primeiros sinais de doença e trate os frangos de carne rápida e corretamente.

Utilizar cuidadosamente as vacinas e os medicamentos, uma vez que as reacções causadas por uma administração inadequada podem afetar negativamente o aumento de peso e a conversão alimentar. Eliminar, tão cedo quanto possível, os frangos de carne que não têm qualquer hipótese de chegar ao mercado.

Obviamente, um frango de carne não saudável é suscetível de ter uma eficiência alimentar reduzida. A principal razão para isso é que o consumo de ração é reduzido e, portanto, mais uma vez, proporcionalmente, mais ração é direccionada para a manutenção. No caso das doenças entéricas, pode haver alterações mais subtis na utilização dos alimentos, uma vez que vários parasitas e micróbios podem reduzir a eficiência da digestão e da absorção dos nutrientes. Um frango de carne com coccidiose subclínica não é suscetível de absorver os nutrientes com uma eficiência óptima, porque os oócitos destroem algumas das células que revestem o intestino. Mais recentemente, o fenómeno da chamada "passagem de alimentos" foi observado em frangos de carne. As partículas de alimento não digeridas aparecem nas excreções e, consequentemente, a eficiência alimentar é afetada. A causa exacta deste problema é desconhecida, mas é muito provavelmente a consequência de um desafio microbiano.

6. Factores humanos

A investigação que estuda a relação entre o comportamento humano, os níveis de medo dos frangos de carne e a produtividade indica que existe potencial para melhorar a produtividade através da redução dos níveis de medo nos frangos de carne. Neste estudo, a resposta comportamental dos frangos de carne aos seres humanos foi utilizada como medida do medo que os frangos de carne têm dos seres humanos. Foi observada uma correção positiva significativa entre a velocidade de movimento e a mortalidade na primeira semana, que parece ser mediada pelos níveis de medo dos frangos de carne. Isto indica que os frangos de carne muito jovens podem ser susceptíveis a factores de stress como a velocidade de movimento do criador. No entanto, esta suscetibilidade pode ser reduzida à medida que os frangos crescem e se habituam ao comportamento do criador.

CAPÍTULO 3

MATERIAIS E MÉTODOS

3.1 LOCALIZAÇÃO EXPERIMENTAL

A investigação foi efectuada na Unidade de Aves de Capoeira da Quinta de Ensino e Investigação da Faculdade de Agricultura, Universidade Ambrose Alli, Ekpoma, Estado de Edo.

A exploração situa-se na zona governamental local de Esan West do Estado de Edo, na Nigéria, com uma precipitação anual de cerca de 1500-2000 mm por ano. A humidade relativa é de cerca de 75%, com uma temperatura média de cerca de 32 C^0

3.2 ANIMAIS E GESTÃO

Um total de 170 pintos de carne com um dia de idade foi adquirido numa incubadora de renome. Cento e sessenta e dois (162) destes pintos foram distribuídos aleatoriamente por nove tratamentos experimentais após duas semanas de incubação. A cada grupo foram atribuídas 18 aves por tratamento, sendo cada tratamento replicado três vezes para obter seis aves por réplica.

As aves experimentais foram alojadas num sistema de maneio de cama profunda com aparas de madeira como material de cama. Antes da chegada das aves, o galinheiro foi limpo e desinfectado.

3.3 CONCEPÇÃO EXPERIMENTAL E DURAÇÃO

A experiência foi concebida de forma completamente aleatória e o estudo teve a duração de 7 semanas.

3.4 FASE DE CRIA E RECRIA

O galpão de criação e seus ambientes foram cuidadosamente limpos, lavados com detergente e desinfectados. Foram utilizadas lâmpadas eléctricas e panelas de carvão como fonte de luz e calor. Durante os períodos de escuridão, foram utilizadas lâmpadas recarregáveis como fonte de luz suplementar para assegurar um fornecimento de luz durante vinte e quatro horas. Utilizou-se polietileno preto para cobrir o galinheiro durante o período de incubação, que durou duas semanas, a fim de facilitar um ambiente quente para as aves. O polietileno foi gradualmente descoberto a partir da segunda semana da experiência para evitar o calor excessivo no galinheiro. As fontes de calor foram também sistematicamente reduzidas à medida que a incubação avançava.

Foram utilizados dez (10) comedouros de tabuleiro e cinco bebedouros de 4 litros para fornecer ração e água às aves, respetivamente. Os pintos tinham acesso à ração e à água *ad-libitum*. Os níveis de ração nos comedouros foram mantidos a meio para reduzir o desperdício de ração pelas aves. A ração deixada em cada comedouro era agitada regularmente com a mão, para evitar que se aglomerasse, antes de se acrescentar outra ração. Os pedaços de aparas de madeira e os excrementos das aves nos comedouros eram também retirados diariamente. O material das camas nos recintos de criação era mudado semanalmente, exceto nos recintos que tinham camas molhadas devido a bebedouros virados para cima. Nesses casos, os materiais de cama eram mudados imediatamente.

3.5 PREPARAÇÃO DOS INGREDIENTES DE ENSAIO

As folhas amargas e de cheiro, frescas e maduras, foram compradas no mercado aberto em Ekpoma, Estado de Edo, Nigéria. Foram cuidadosamente lavadas com água limpa e secas ao ar em sacos de juta durante pelo menos 7 dias. As folhas foram viradas pelo menos quatro vezes por dia para evitar uma secagem irregular e a deterioração, mantendo a sua coloração esverdeada. As folhas foram ainda secas ao sol durante um dia para garantir uma secagem completa até ficarem estaladiças. As folhas secas foram moídas com um martelo através de um crivo de 2 mm e depois utilizadas na formulação de alimentos para animais.

3.5.1 Preparação e determinação da composição proximal;

As folhas secas ao ar foram moídas em pó fino. 10g das folhas moídas foram analisadas para vários parâmetros de acordo com os métodos da Association of Official Analytical Chemists (2000).

A análise proximal (gorduras, proteína bruta, humidade, cinzas e fibra bruta) das folhas foi determinada utilizando os métodos AOAC. Utilizando diferenças de peso, foram obtidas a humidade e a matéria seca, enquanto o extrato isento de azoto foi também calculado por diferença. O teor de fibras foi estimado a partir da perda de peso do cadinho e do seu conteúdo aquando da ignição. O valor de azoto foi determinado pelo método micro-Kjeldahi, que envolve a digestão, a destilação e, por fim, a titulação da amostra. O valor de azoto foi convertido em proteínas através da multiplicação pelo fator 6,25. A determinação do teor de lípidos brutos das amostras foi efectuada utilizando o método de extração direta com solvente do tipo soxhlet. O solvente utilizado foi o éter de petróleo (intervalo de ebulição 40 - 60° c). O extrato isento de azoto foi determinado quando a soma das percentagens de humidade, cinzas, proteínas brutas e gorduras foi subtraída de 100.

Os resultados dos valores proximais foram todos estimados em percentagens, como se mostra no Quadro 3.1 abaixo.

Tabela 3.1: Composição química aproximada da folha amarga e da folha de cheiro

Chemical components	Bitter leaf (%)	Scent leaf (%)
Moisture	17.40	11.08
Ash	9.77	12.14
Crude Protein	30.46	47.17
Crude Fibre	8.62	12.18
Fat	2.30	3.90
NFE	31.45	13.53

*NFE = Extrato isento de azoto (representa os hidratos de carbono digeríveis, as vitaminas e outros compostos orgânicos solúveis sem azoto).

3.6 ALIMENTOS E ALIMENTAÇÃO DAS AVES EXPERIMENTAIS

Foram compradas rações comerciais para frangos de carne de início e de fim de ciclo a um vendedor local de rações e utilizadas no percurso de alimentação. As dietas experimentais foram preparadas da seguinte forma:

Treatment 1   0% bitter leaf, scent leaf and antibiotics (negative control)

Treatment 2   0.10% antibiotics (oxytetracycline) (positive control)

Treatment 3   1% bitter leaf meal

Treatment 4   2% bitter leaf meal

Treatment 5   3% bitter leaf meal

Treatment 6   1% scent leaf meal

Treatment 7   2% scent leaf meal

Treatment 8   3% scent leaf meal

Treatment 9   2% leaf meal mixture (1% bitter leaf meal + 1% scent leaf meal)

Após duas semanas de incubação, as aves foram distribuídas aleatoriamente por 9 grupos de tratamento, que foram repetidos 3 vezes e alimentados com dietas comerciais com níveis variáveis de aditivos de tratamento, como se mostra nos quadros 3.2 abaixo. A alimentação com a dieta inicial durou três semanas. Depois disso, as suas dietas foram alteradas para dietas de acabamento para frangos de carne e duraram quatro semanas. As aves experimentais tiveram acesso a ração e água *ad libitum*. Foram colocados em cada recinto um comedouro de tubo normal e um bebedouro de 4 litros. As alturas dos bebedouros e dos comedouros foram ajustadas regularmente ao nível dos ombros das aves, a fim de reduzir o desperdício de água e de ração.

Quadro 3.2: Composição dos alimentos comerciais para frangos de carne na fase de arranque e de acabamento

Components (%)	Starter feed	Finisher feed
Crude protein	21.00	18.00
Fats/Oil	4.00	6.00
Crude fibre	5.00	6.00
calcium	1.00	1.00
phosphorus	0.45	0.45
lysine	1.00	N/A
methionine	0.50	N/A
salt	0.30	0.30
Metabolizable energy (Kcal/Kg)	2800	2900

*N/A=Não disponível

3.7 MEDICAÇÃO E VACINAÇÃO

O programa de vacinação foi planeado e seguido rigorosamente de acordo com o guia imunoprofilático e preventivo para frangos de carne recomendado pela FAO (2005). As dosagens foram administradas de acordo com as especificações dos fabricantes. O plano de medicação que foi seguido durante o período do experimento é mostrado na Tabela 3.3 abaixo.

Quadro 3.3: plano de vacinação

Days	Week	Medication	Method
Days 1-5	1	Antibiotics and Vitamins	Oral
Day 8	2	500 Dosage Of Gumboro Vaccine	Oral
Day 10	2	Coccidiostat	Oral
Day 14	2	New castle disease Vaccine (Lasota)	Oral
Day 18	3	Gumboro Vaccine	Oral
Day 28	4	Gumboro Vaccine	Oral
Day 35	5	New castle disease Vaccine (Lasota)	Oral

3.8 ESTUDO DE DESEMPENHO

Foram avaliados o consumo diário de ração, o peso semanal ganho, o rácio de conversão alimentar e o rácio de eficiência proteica. O consumo diário de ração foi determinado pesando a quantidade de ração oferecida diariamente e subtraindo o que sobrava ao fim do dia. O consumo de ração registado foi utilizado para calcular o consumo médio semanal de ração. O consumo médio semanal de ração foi dividido pelo número de aves e depois dividido por sete para obter o consumo médio de ração por ave e por dia. O consumo total de ração e o consumo médio de ração foram calculados a partir dos dados registados.

O ganho de peso semanal foi determinado pela diferença entre o peso no início da semana e o peso no final da semana. As medições de peso foram efectuadas com o auxílio de uma balança de 20 kg.

O rácio de conversão alimentar foi calculado da seguinte forma. É o rácio entre o consumo de ração e o ganho de peso. Este rácio foi calculado semanalmente e no final da experiência.

Rácio de conversão alimentar = Consumo de ração (g) / Ganho de peso (g)

O rácio de eficiência proteica foi calculado como o rácio entre o peso ganho e o peso da proteína consumida, tal como expresso na fórmula seguinte. Este rácio foi calculado semanalmente e no final da experiência.

Rácio de eficiência proteica = ganho de peso (g) / ingestão de proteínas (g)

3.6 AVALIAÇÃO DO PESO DA CARCAÇA E DOS ÓRGÃOS

No final do ensaio de alimentação de 49 dias, foram seleccionados aleatoriamente 3 frangos de acabamento de cada tratamento, perfazendo um total de 27 frangos de toda a experiência. Os frangos de carne foram privados de comida durante 12 horas, mas foi-lhes fornecida água potável. Cada ave foi marcada e pesada antes e depois do abate para determinar o peso vivo e o peso sangrado, respetivamente. Os frangos abatidos foram mergulhados em água quente durante cerca de dois minutos e as penas foram arrancadas. O peso depenado também foi registado.

Os frangos depenados foram eviscerados e os pesos eviscerados foram estimados. O peso eviscerado refere-se ao peso das aves parcialmente abertas, removendo todos os órgãos internos não comestíveis e a cabeça. A carcaça foi depois cortada em partes. As partes foram pesadas numa balança e os pesos das partes foram registados. A percentagem de peso preparado foi calculada da seguinte forma

Percentagem de peso limpo = Peso eviscerado / Peso vivo x 100%.

3.7 ESTUDOS HEMATOLÓGICOS

No final do período de alimentação, os animais foram privados de alimento durante 12 horas antes de serem colhidas amostras de sangue de uma ave por réplica para análise hematológica e bioquímica. As amostras de sangue foram recolhidas de cada ave a partir da veia da asa, utilizando uma seringa e uma agulha descartáveis esterilizadas.

Antes da sangria, foi utilizado um cotonete embebido em etanol a 70% para dilatar a veia e evitar a infeção ou contaminação da amostra de sangue. Foram colhidos 5,0 ml de sangue de cada ave em frascos universais estéreis rotulados, contendo ácido etileno-diamino-tetra-acético (EDTA) como anticoagulante. Este sangue foi utilizado para determinar o total de glóbulos vermelhos (RBC), a hemoglobina (Hb), o volume celular concentrado (PCV) e os glóbulos brancos (WBC). Foram colhidos outros 5,0 ml de sangue em frascos de amostras esterilizados e rotulados, sem anticoagulante, que foram utilizados para determinar os componentes bioquímicos, nomeadamente as proteínas totais, a albumina, a globulina e o colesterol sérico.

Os parâmetros hematológicos foram determinados no laboratório com a ajuda de um analisador automático. Os contadores automáticos de células recolhem amostras de sangue, qualificam, classificam e descrevem a população de células utilizando técnicas eléctricas e ópticas. A análise eléctrica do sangue envolve a passagem de uma solução diluída do sangue através de uma abertura pela qual flui uma corrente eléctrica. A passagem das células através da corrente altera a impudência entre os terminais (princípio de coulter). É adicionado um reagente lítico à solução de sangue para lisar seletivamente os glóbulos vermelhos, deixando intactos apenas os glóbulos brancos e as plaquetas. A solução é então passada através de um segundo detetor.

3.10.1 Princípio do analisador automático

O coulter é um analisador hematológico quantitativo e automatizado que calcula a contagem de leucócitos, a contagem de hemácias, a concentração de hemoglobina, o hematócrito, a contagem de plaquetas, o volume corpuscular médio e a concentração de hemoglobina corpuscular média. Isto fornece informações sobre a capacidade de transporte de oxigénio da hemoglobina, a integridade vascular e a presença de infeção no animal. A suspensão é passada através de uma pequena abertura simultaneamente com uma corrente eléctrica. A célula sanguínea individual que passa através da abertura introduz uma alteração de impudência na abertura determinada pelo tamanho da célula. O sistema conta as células individuais e fornece a distribuição do tamanho. Os reagentes líticos destroem rápida e simultaneamente os eritrócitos e convertem a hemoglobina num pigmento estável contendo cianeto, cuja absorvância é diretamente proporcional à concentração de hemoglobina da amostra.

O sangue é bem misturado, mas não agitado, e colocado num suporte no analisador. Este instrumento tem células de fluxo, fotómetros e aberturas que analisam diferentes elementos no sangue. Os componentes de contagem de células contam o número e o tipo de diferentes células no sangue. Os resultados são impressos ou enviados para um computador para análise.

O componente de contagem do sangue aspira uma quantidade muito pequena da amostra através de um tubo estreito seguido de uma abertura e de uma célula de fluxo laser. Os sensores oculares a laser contam o número de células que passam pela abertura e podem identificá-las; trata-se da citometria de fluxo. Os dois principais sensores utilizados são os detectores de luz e a impudência eléctrica. O instrumento mede o tipo de célula sanguínea através da análise de dados sobre o tamanho e os aspectos da luz à medida que esta passa através das células (denominados dispersão frontal e lateral). Outros componentes da máquina medem diferentes características das células para as categorizar. Como um contador automático de células recolhe amostras e conta tantas células, os resultados são muito precisos. Para além de contar, medir e analisar glóbulos vermelhos, glóbulos brancos e plaquetas, o analisador hematológico automático também mede a quantidade de hemoglobina no sangue e dentro de cada glóbulo vermelho. Para tal, adiciona-se um diluente que lisa as células, que são depois bombeadas para uma cuvete de medição espectrofotométrica. A mudança de cor do lisado equivale ao teor de hemoglobina do sangue.

3.10.2 Análise serológica por fotómetro

Após a coagulação, as amostras de sangue foram centrifugadas a 3000 rpm (rotações por minuto) durante 10 minutos numa microcentrífuga para obter soros isentos de resíduos celulares para a análise bioquímica. No soro sanguíneo, foi determinado o teor de proteínas totais, albumina, globulina e colesterol total. Todos os parâmetros acima mencionados foram determinados colorimetricamente com a ajuda de um fotómetro Epoll 20, utilizando kits originais da Alpha Diagnostics. As análises foram efectuadas à temperatura pré-programada de 140°C (4 min) - 4°C/min - 270°C (5 min). Todas as análises foram efectuadas em duplicado.

A determinação colorimétrica da proteína total baseia-se no princípio da reação de Biureto (sais de cobre em meio alcalino) em que os iões cúpricos formam um complexo azul em solução alcalina, com amónio de duas ou mais ligações peptídicas. A intensidade da cor azul formada é proporcional à concentração de proteínas no plasma ou no soro. A concentração de albumina foi determinada pelo método do verde de bromocresol (BCG); as albuminas (Ab) ligam-se ao BCG para formar um composto verde. A concentração de Ab é diretamente proporcional à intensidade da cor verde formada. A concentração de globulina (Gb) foi calculada como a diferença entre as concentrações de proteínas totais e de albumina. A análise do colesterol baseia-se na hidrólise enzimática dos ésteres de colesterol e na oxidação do colesterol resultante para formar colesterol-3- 1 e peróxido de hidrogénio. A peroxidase, na presença de 4-aminofenazona e fenol, forma o indicador cuja absorvância é medida em relação a um reagente em branco.

3.8 ANÁLISE ESTATÍSTICA

Todos os dados gerados foram submetidos a uma análise de variância (ANOVA) de uma via. Nos casos em que se observaram efeitos significativos dos tratamentos, as diferenças entre as médias dos tratamentos foram comparadas através do teste de Duncan de gama múltipla, tal como descrito por Steel e Torrie (1997). O nível de significância estatística foi fixado em $P < 0,05$.

CAPÍTULO QUATRO

RESULTADOS

4.1 DESEMPENHO DE CRESCIMENTO DE AVES EXPERIMENTAIS

O desempenho de crescimento das aves experimentais em termos de peso final, peso total e diário ganho, consumo total e diário de ração, eficiência proteica e rácios de conversão alimentar para as várias dietas de tratamento são apresentados no Quadro 4.1.

Quadro 4.1 Características do desempenho em termos de crescimento das aves experimentais

Performance characteristics	T_1 Negative control	T_2 (0.10% oxytetra cycline)	T_3 (1% bitter leaf)	T_4 (2% bitter leaf)	T_5 (3% bitter leaf)	T_6 (1% scent leaf)	T_7 (2% scent leaf)	T_8 (3% scent leaf)	T_9 (1% bitter leaf + 1% scent leaf)	SEM
Avg. total feed intake (g)	7985.00	7958.33	8065.56	8145.00	7876.67	8036.11	8088.89	8040.56	7988.89	104.82 NS
Avg. daily feed intake (g/day)	162.96	162.42	164.60	166.23	160.75	164.00	165.08	164.09	163.04	2.10NS
Avg. initial weight (g)	213.78	213.78	213.78	208.78	208.78	193.78	203.17	210.00	202.50	8.13NS
Avg. final weight (g)	3577.78[d]	3816.67[a]	3761.11[ab]	3744.44[abc]	3688.89[bc]	3716.67[bc]	3738.84[abc]	3655.56[cd]	3461.11[e]	27.32*
Avg. total weight gain (g)	3364.00[d]	3602.89[a]	3547.33[ab]	3535.67[abc]	3480.11[bc]	3522.89[abc]	3535.72[abc]	3445.56[cd]	3258.61[e]	29.29*
Avg. daily weight gain(g)	68.65[c]	73.53[a]	72.40[ab]	72.16[ab]	71.02[b]	71.90[ab]	72.16[ab]	70.32[bc]	66.50[d]	0.65*
Feed conversion ratio	2.37[d]	2.21[a]	2.27[b]	2.30[bc]	2.26[b]	2.28[bc]	2.29[bc]	2.33[cd]	2.45[e]	0.02*
Protein efficiency ratio	2.23[d]	2.40[a]	2.33[b]	2.30[bc]	2.34[b]	2.32[b]	2.31[bc]	2.27[cd]	2.16[e]	0.02*
mortality	0	0	0	0	0	0	0	0	0	0

NS = Não significativo (P > 0,05); * = diferença significativa (P < 0,05)
a,b,c,d,e: as médias ao longo da mesma linha com diferentes sobrescritos são significativamente diferentes (P < 0,05).

4.1.1 Consumo de alimentos

O consumo médio total e diário de ração não mostrou diferenças significativas (P>0,05) em todos os grupos de tratamento. O consumo de ração foi, no entanto, mais elevado no tratamento 4 (2% de folha amarga) com um consumo médio de 8145g, seguido do tratamento 7 (2% de folha perfumada) com um consumo médio de 8088,89g. O menor consumo de ração foi registado no tratamento 5 (3% de folha amarga) com um consumo médio de 7876,67g. O consumo médio diário de ração seguiu o mesmo padrão, com 166,23g para o tratamento 4 e 160,75g para o tratamento 5. Entre os grupos de tratamento com folha amarga, 3% de folha amarga teve o menor consumo de ração de 7876,67g, que também foi inferior às duas dietas de controlo. 2% de folha amarga deu a maior média de consumo de ração (8145g), que foi maior do que as duas dietas de controlo, bem como as dietas de tratamento com folha de perfume. Para as dietas de tratamento com folha de perfume, 1% de folha de perfume teve o menor consumo médio de ração de 8036,11g. Este valor foi mais elevado do que o das dietas de controlo e do tratamento 9. O tratamento 7 com 2% de folha de perfume deu o maior consumo médio de ração entre os grupos e o seu valor de 8088,89 g foi também superior ao das dietas de controlo e 9.

4.1.2 Características de peso

O peso final médio, como mostra a Tabela 4.1, indicou diferenças significativas entre os grupos de tratamento. Numericamente, o tratamento 2 (oxitetraciclina) com 3816,67g/galinha teve o maior peso médio final, enquanto o tratamento 9 (1% folha amarga +1% folha de cheiro) com 3461,11g/galinha teve o menor peso médio final. Entre os grupos de tratamento com folhas amargas, não houve diferenças significativas entre os diferentes níveis de inclusão. O peso final mais elevado do grupo foi o de 1% de folha amarga (3761,11g/galinha), sendo significativamente superior ao do controlo negativo (dieta 1) com 3577,78g/galinha, mas ligeiramente inferior ao do controlo positivo (oxitetraciclina) com 3816,67g/galinha. O seu valor também foi significativamente superior ao da dieta combinada que teve uma média de peso final de 3461,11g/galinha. A folha amarga a 3% teve o menor peso final médio de 3688,89g/galinha entre os grupos de tratamento com folha amarga e também foi significativamente diferente das dietas de controlo e da dieta combinada.

A dieta de 2% de folhas de perfume deu o peso final médio mais elevado entre os grupos de tratamento de folhas de perfume com 3738,84g e foi significativamente mais elevada do que o controlo negativo e a dieta combinada. No entanto, não se registaram diferenças significativas entre os grupos de tratamento com folhas de perfume.

O peso total médio ganho também é apresentado no Quadro 4.1. O tratamento 2 teve o maior ganho de peso, 3602,89g/galinha, seguido pelo tratamento 3 (1% de folha amarga) com um ganho de peso total de 3547,33g/galinha. O tratamento 9, por outro lado, teve o menor ganho de peso total de 3258,61g/galinha, precedido pelo tratamento 1 (controlo negativo) com um ganho de peso médio de 3364g/galinha.

O tratamento 3 com 1% de folha amarga teve o maior ganho de peso médio entre os grupos de tratamento com folha amarga, mas os valores não foram significativamente diferentes uns dos outros. O seu valor foi, no entanto, ligeiramente inferior ao do controlo positivo (oxitetraciclina), com 3602,89 g/galinha, mas foi significativamente superior ao do controlo negativo (3364 g/galinha) e ao das dietas combinadas (3258,61 g/galinha). A folha amarga a 1% também não foi significativamente diferente do controlo positivo, mas diferiu significativamente do controlo negativo e da dieta combinada. A folha amarga a 3% teve o menor ganho de peso médio de 3480,11g/galinha entre os tratamentos com folhas amargas. Foi significativamente inferior ao do controlo positivo, mas significativamente superior ao do controlo negativo e ao da dieta combinada.

Quanto ao grupo de tratamento com folha perfumada, 2% de folha perfumada teve o maior ganho de peso médio de 3535,72g/galinha, que também foi inferior à dieta de controlo positivo, mas significativamente superior ao controlo negativo e às dietas combinadas de folha amarga e folha perfumada. As aves com 3% de folha de perfume tiveram o menor ganho de peso médio de 3445,56g/galinha. Também não foi significativamente diferente do controlo negativo, mas foi significativamente diferente do controlo positivo e das dietas combinadas.

O ganho de peso médio diário segue o mesmo padrão que o ganho de peso médio discutido acima. O tratamento 9, com um ganho de peso médio diário de 66,50 g/galinha, foi o menos importante de todos os tratamentos. O controlo positivo foi o mais elevado entre os tratamentos, com 73,53 g/galinha, seguido de perto pela dieta de 1% de folhas amargas

com 72,40g/galinha. No entanto, os valores das dietas de controlo positivo e de 1% de folhas amargas não diferiram significativamente.

4.1.3 Rácios de conversão alimentar e de eficiência proteica

Os rácios de conversão alimentar e de eficiência proteica revelaram diferenças significativas entre os grupos de tratamento, como se pode ver na tabela 4.1. A dieta de controlo positivo com oxitetraciclina deu uma melhor conversão alimentar com o valor de 2,21/pintinho. No entanto, a dieta combinada apresentou os valores mais baixos nos rácios de conversão alimentar e de eficiência proteica. Também se pode ver que os frangos alimentados com 3% de folha amarga apresentaram um melhor rácio de conversão alimentar do que os outros níveis de folha amarga na dieta. No que se refere ao rácio de conversão alimentar, não se verificaram diferenças significativas entre os frangos alimentados com dietas à base de folhas amargas, mas foram significativamente diferentes das duas dietas de controlo e da dieta combinada.

Por outro lado, as farinhas de folhas de cheiro a 1% e 2% foram melhores no rácio de conversão alimentar (2,28 e 2,29, respetivamente), bem como no rácio de eficiência proteica (2,32 e 2,31, respetivamente) entre os tratamentos com folhas de cheiro. Para os rácios de conversão alimentar e de eficiência proteica, a dieta combinada de folhas amargas + folhas perfumadas foi significativamente a menos eficaz.

4.2 CARACTERÍSTICAS HEMATOLÓGICAS

Os resultados dos parâmetros hematológicos das aves experimentais são apresentados no Quadro 4.2. Não foram observadas diferenças significativas entre os tratamentos no que respeita ao teor de glóbulos vermelhos, volume de células compactadas, volume corpuscular médio e teor de plaquetas. Os outros parâmetros medidos foram significativamente influenciados pelas dietas dos tratamentos.

Quadro 4.2 Parâmetros hematológicos das aves experimentais

Haematological parameters	T_1 control	T_2 0.10% oxytetracycline	T_3 1% bitter leaf	T_4 2% bitter leaf	T_5 3% bitter leaf	T_6 1% scent leaf	T_7 2% scent leaf	T_8 3% scent leaf	T_9 1% bitter leaf + 1% scent leaf	SEM
White blood cell ($\times10^3$/µl)	87.30[abc]	82.50[bc]	92.10[a]	90.00[ab]	87.50[abc]	91.90[a]	80.40[c]	94.30[a]	87.40[abc]	2.46*
Lymphocytes (%)	67.90[cd]	83.50[a]	77.10[abc]	82.40[ab]	81.20[abc]	80.80[abc]	68.75[bcd]	77.60[abc]	61.40[d]	4.21*
Haemoglobin (g/dl)	11.90[b]	14.50[a]	12.40[b]	10.80[b]	12.10[b]	11.50[b]	12.40[b]	12.40[b]	11.80[b]	0.63*
MCH(pg)	41.60[c]	47.70[a]	41.80[bc]	42.50[bc]	42.00[bc]	42.10[bc]	41.85[bc]	42.30[bc]	43.80[b]	0.61*
MCHC (g/dl)	31.60[b]	34.80[a]	31.50[b]	31.50[b]	31.20[b]	31.70[b]	32.15[b]	32.30[b]	31.40[b]	0.51*
Red blood cell ($\times10^6$/µl)	2.86	3.03	2.97	2.54	2.89	2.72	2.97	2.93	2.69	0.14 NS
Packed cell volume (%)	37.60	41.50	39.40	34.30	38.80	36.10	38.50	38.20	37.50	1.55 NS
Mean corpuscular volume (fl)	132.00	137.00	133.00	135.00	134.00	133.00	130.20	131.00	139.00	2.20 NS
Platelet ($\times10^3$/µl)	11.00	11.50	11.00	13.00	12.00	9.50	13.00	9.00	14.50	1.44 NS

a,b,c,d: as médias ao longo da mesma linha com diferentes sobrescritos são significativamente diferentes (P < 0,05). NS = Não significativo (P > 0,05); * = diferença significativa (P < 0,05) ul = unidades internacionais por litro; g/dl = gramas por decilitro; fl (femolitro) = fração de um milionésimo de litro; pg (picogramas) = um trilionésimo de grama.

4.2.1 Glóbulos brancos (WBC)

A contagem de glóbulos brancos foi evidentemente mais elevada nos frangos alimentados com uma dieta de 3% de farinha de folhas amargas ($94{,}30\times10^3$ /p!) e mais baixa na dieta de 2% de farinha de folhas amargas ($80{,}40\times10^3$ /ǀǀ). O tratamento 3 com 1% de folha amarga teve a contagem de glóbulos brancos mais elevada ($92{,}10\times10^3$ /ǀǀ) entre o grupo de tratamento com folha amarga, enquanto a dieta com 3% de folha amarga teve o valor mais baixo de 87,50x103/ǀil. A dieta com 1% de folhas amargas também apresentou uma contagem de glóbulos brancos mais elevada do que as dietas de controlo (87,30x103µl, 82,50x103µl) e a dieta combinada (87,40x103µl). No entanto, não se verificaram diferenças significativas entre os três níveis de inclusão, bem como entre o controlo negativo e as dietas combinadas de folhas amargas + folhas de centeio. O controlo positivo foi significativamente diferente apenas da dieta com 1% de folhas amargas. Para o grupo de tratamento com folhas perfumadas, a dieta com 3% de folhas perfumadas deu a contagem mais elevada de glóbulos brancos (94,30x103µl), que também foi superior às dietas de controlo e à dieta combinada. Não foi significativamente diferente da dieta de 3% de folhas amargas, da dieta de controlo negativo e da dieta combinada de folhas amargas + folhas perfumadas, mas foi significativamente diferente da dieta de controlo positivo e da dieta de 2% de folhas perfumadas. A dieta de 2% de folhas perfumadas teve o menor valor entre o seu grupo de tratamento e foi inferior às duas dietas de controlo e à dieta combinada. Também só foi significativamente diferente das dietas com 1% e 3% de folhas perfumadas.

4.2.2 Linfócitos

A contagem de linfócitos foi mais elevada no controlo positivo (83,50%) e mais baixa no tratamento 9 (1% folha amarga +1% folha de perfume) com 61,40%. O tratamento 4 com 2% de folha amarga teve a percentagem de linfócitos mais elevada entre o grupo de tratamento com folha amarga, com 82,40%. Foi também superior à dieta de controlo negativo (67,90%) e à dieta combinada de folha amarga/folha de cheiro. No entanto, não se registaram diferenças significativas entre as dietas de inclusão de folhas de perfume. Os frangos alimentados com 2% de folha de perfume foram significativamente diferentes das dietas de controlo, mas não foram significativamente diferentes da dieta combinada.

Para o grupo de tratamento com folha de perfume, os frangos com 1% de folha de perfume tiveram o valor mais elevado de 80,80%. Foi também superior à dieta de controlo negativo (67,90%) e à dieta combinada (61,40%), mas inferior à dieta de controlo positivo (83,50%). Não foram observadas diferenças significativas entre os valores dos grupos de tratamento. A dieta com 1% de folhas de perfume foi significativamente diferente da dieta de controlo positivo e da dieta combinada. Os frangos com 2% de folhas de perfume tiveram a menor percentagem de linfócitos entre os grupos de tratamento. O valor (68,75%) foi, no entanto, superior ao da dieta de controlo negativo e ao da dieta de 1% de folhas amargas+1% de folhas perfumadas. Só foi significativamente diferente da dieta de controlo positivo.

4.2.3 Hemoglobina

As aves alimentadas com o tratamento 2 (oxitetraciclina) apresentaram o nível mais elevado de hemoglobina (14,50g/dl), enquanto o tratamento 4 (2% de folha amarga) apresentou o nível mais baixo, com 10,80g/dl. O tratamento 2 (controlo positivo) também diferiu significativamente de todos os outros tratamentos da experiência, ao passo que não foram observadas diferenças significativas entre os restantes tratamentos. Entre os tratamentos com folhas amargas, o tratamento com 1% de folhas amargas apresentou o valor mais elevado, que foi superior ao da dieta de controlo negativo e ao da dieta combinada de folhas amargas + folhas escuras (11,80 g/dl), mas inferior ao da dieta de controlo com oxitetraciclina. Não foram observadas diferenças significativas entre as dietas de teste com folhas amargas e com folhas de cheiro. O teor de hemoglobina dos frangos nas dietas de controlo foi de 11,90g/dl e 14,50g/dl, respetivamente para as dietas negativas e positivas, enquanto os valores variaram entre 10,80g/dl na dieta de 2% de folha amarga e 12,40g/dl na dieta 2 (1% de folha amarga), na dieta 7 (2% de folha de cheiro) e na dieta 8 (3% de folha de cheiro).

4.2.4 Hemoglobina celular média

Como mostra a tabela 4.2, o tratamento 1 (controlo negativo) teve o valor mais baixo de 41,60pg, enquanto o tratamento 2 (controlo positivo) teve o valor mais alto de 47,70pg. Não se registaram diferenças significativas entre o tratamento 3 e o tratamento 9. No entanto, o controlo positivo (oxitetraciclina) diferiu significativamente de todos os outros tratamentos. O tratamento com 2% de folhas amargas teve o valor mais elevado de 42,50pg entre o grupo de tratamento com folhas amargas. Também foi superior ao controlo negativo (41,60pg), mas inferior ao controlo positivo (47,70pg) e à dieta combinada (43,80pg). 1% de folha amarga foi o menor entre o grupo com 41,80pg. Não se registaram diferenças significativas entre os três níveis de inclusão de folhas amargas. Todos eles foram significativamente diferentes do controlo positivo.

A dieta com 3% de folhas de cheiro teve o valor mais alto de 42,30pg entre o grupo de tratamento com folhas de cheiro. Foi superior à dieta do controlo negativo (41,60pg), mas inferior à do controlo positivo (47,70pg) e à dieta da combinação de folhas amargas + folhas perfumadas (43,80pg). 2% de folha de cheiro teve o menor valor de 41,85pg entre o grupo. Não foram observadas diferenças significativas entre os grupos de tratamento com folhas de cheiro. No entanto, todos eles foram significativamente diferentes do controlo positivo.

4.2.5 Concentração média de hemoglobina corpuscular

A concentração média estimada de hemoglobina corpuscular foi mais baixa no tratamento 5 (3% folha amarga) com 31,20g/dl e o controlo positivo (tratamento 2) com 34,80g/dl. Todos os outros tratamentos estavam dentro do intervalo de 31,40g/dl (1% folha amarga +1% folha de cheiro) e 32,15g/dl (2% folha de cheiro). O controlo positivo (tratamento 2) diferiu significativamente dos restantes tratamentos experimentais. Não foram observadas diferenças significativas entre os restantes tratamentos.

4.2.6 Glóbulos vermelhos, volume de concentrado de células, volume corpuscular médio e plaquetas.

Os glóbulos vermelhos, o volume de glóbulos brancos, o volume corpuscular médio e a contagem de plaquetas dos frangos alimentados com ou sem dietas de oxitetraciclina e com as dietas de folhas amargas e de folhas de perfume não foram significativamente diferentes entre si. Os valores variaram entre $2,54 \times 10^6$ %l na dieta com 2% de folhas amargas e $3,03 \times 10^6$ %l na dieta com oxitetraciclina para os glóbulos vermelhos. O volume de células compactadas variou entre 34,30% na mesma dieta de 2% de folhas amargas e 41,50% na dieta de oxitetraciclina. Relativamente ao volume corpuscular médio, o valor foi o mais baixo (130,20fl) na dieta de 2% de folhas de perfume para galinhas e o mais alto (139,00fl) na dieta de 1% de folhas amargas + 1% de folhas de perfume. A contagem de plaquetas foi a menor em 3% de folha de perfume ($9,00 \times 10^3$ µl) e a maior na dieta combinada ($14,50 \times 10^3$ µl).

4.3 CARACTERÍSTICAS DO SORO

As características do soro dos frangos experimentais são apresentadas no quadro 4.3 infra.

Quadro 4.3 Parâmetros serológicos das aves experimentais

Serum parameters	T_1 control	T_2 (0.10% oxytetra-cycline)	T_3 (1% bitter leaf)	T_4 (2% bitter leaf)	T_5 (3% bitter leaf)	T_6 (1% scent leaf)	T_7 (2% scent leaf)	T_8 (3% scent leaf)	T_9 (1% bitter leaf + 1% scent leaf)	SEM
Total cholesterol (mg/dl)	103.00^{bc}	112.00^{bc}	154.00^{a}	111.00^{bc}	123.00^{b}	85.00^{c}	114.00^{b}	108.00^{bc}	99.00^{bc}	$8.47*$
Total protein (g/dl)	4.55^{ab}	3.55^{c}	4.10^{bc}	4.45^{ab}	4.10^{bc}	4.55^{ab}	4.55^{ab}	4.80^{a}	3.55^{c}	$0.19*$
Albumin (g/dl)	1.60^{cd}	1.50^{d}	2.00^{ab}	1.90^{abc}	1.85^{abc}	2.00^{ab}	2.10^{a}	2.05^{abc}	1.75^{bcd}	$0.10*$
Globulin (g/dl)	2.95^{a}	2.05^{de}	2.10^{cde}	2.55^{abc}	2.25^{cd}	2.55^{abc}	2.45^{bcd}	2.75^{ab}	1.80^{e}	$0.14*$

a,b,c,d,e: as médias ao longo da mesma linha com sobrescritos diferentes são significativamente diferentes (P < 0,05). NS = não significativo (P > 0,05); * = diferença significativa (P < 0,05) mg/dl = miligrama por decilitro; g/dl = grama por decilitro

4.3.1 Colesterol total

O colesterol total foi evidentemente mais elevado no tratamento 3 (1% de folha amarga) com 154mg/dl. O tratamento 6 (1% de folha de perfume) teve o valor mais baixo de 85mg/dl. Os outros tratamentos situaram-se no intervalo de 99mg/dl e 123mg/dl.

Existia uma diferença significativa entre 1% de folha amarga e as dietas dos outros tratamentos. Os valores de colesterol dos frangos que receberam estas outras dietas de tratamento não diferiram significativamente uns dos outros.

4.3.2 Proteínas totais, albumina e globulina

Os níveis de proteína total de todos os tratamentos situaram-se entre 3,55g/dl e 4,80g/dl, como se mostra na tabela 4.3. O tratamento 8 (3% folha de perfume) teve o teor proteico mais elevado de 4,80g/dl, enquanto o tratamento 2 (oxitetraciclina) teve o nível proteico mais baixo de 3,55g/dl. Foram encontradas diferenças numéricas nos grupos de tratamento com folha amarga e folha de cheiro, mas não foram significativamente diferentes entre si.

O nível de albumina foi mais baixo no tratamento 2 (controlo positivo) com 1,50g/dl e mais alto no tratamento 7 (2% folha de cheiro) com 2,10g/dl. Os valores médios para os restantes tratamentos situaram-se no intervalo de 1,60g/dl do controlo negativo e 2,00g/dl das dietas com 1% de folhas amargas e 1% de folhas perfumadas.

O nível de globulina na dieta de controlo negativo foi o mais elevado com 2,95g/dl e o mais baixo no tratamento 9 com 1,80g/dl. Os outros tratamentos registaram valores entre 2,05g/dl (dieta com oxitetraciclina) e 2,75g/dl (dieta com 3% de folhas de cheiro).

4.4 CARACTERÍSTICAS DA CARCAÇA DE AVES EXPERIMENTAIS

Os resultados das características da carcaça dos frangos experimentais são apresentados no Quadro 4.4. Os resultados mostram que os vários tratamentos não tiveram um efeito significativo no peso vivo, no peso depenado e no peso eviscerado das aves.

Quadro 4.4 Pesos das aves experimentais, vivos, preparados e de partes individuais

Body parts (g)	T_1 control	T_2 (0.10% oxytetra-cycline)	T_3 (1% bitter leaf)	T_4 (2% bitter leaf)	T_5 (3% bitter leaf)	T_6 (1% scent leaf)	T_7 (2% scent leaf)	T_8 (3% scent leaf)	T_9 (1% bitter leaf + 1% scent leaf)	SEM
Live weight	4100.00	4200.00	4100.00	4200.00	4200.00	4200.00	4200.00	4150.00	4100.00	286.70 NS
Plucked weight	3610.00	3715.00	3566.00	3826.00	3715.00	3824.00	3814.00	3722.00	3715.00	175.86 NS
Eviscerated weight	2979.00	3218.00	2971.50	3163.50	3159.50	3206.00	3228.50	3107.00	3059.50	145.17 NS
Dressed percentage	72.65[cd]	76.57[ab]	72.54[d]	75.38[ab]	75.46[ab]	76.47[ab]	77.15[a]	75.22[ab]	74.69[bc]	0.67*
Head	67.50	72.00	70.50	79.00	72.00	77.50	68.50	80.00	70.50	14.25 NS
Neck	176.00	193.50	198.00	185.00	191.50	193.00	184.00	213.00	176.50	49.08 NS
Breast	1036.00	1096.50	1018.00	1078.00	1016.00	1088.00	1103.50	980.00	1025.50	90.42 NS
Back	382.50	417.00	382.50	430.00	439.50	434.50	438.50	453.00	409.00	12.58 NS
Thighs	452.50	494.00	444.50	493.00	474.50	472.00	518.50	480.00	461.50	54.25 NS
Drum sticks	362.00	424.00	346.00	382.00	401.50	390.00	399.00	381.00	386.50	33.50 NS
Shanks	135.50	138.00	144.00	142.00	168.00	154.50	140.50	149.00	144.50	12.22 NS
Wings	357.50	371.00	360.00	372.00	382.00	382.00	363.00	360.50	369.50	24.64 NS

a,b,c,d,e: As médias ao longo da mesma linha com diferentes sobrescritos são significativamente diferentes (P < 0,05).
NS = Não significativo (P > 0,05); * = diferença significativa (P < 0,05)

Os pesos vivos em todos os tratamentos foram geralmente semelhantes e variaram entre 4100g e 4200g. Os pesos depenados nos tratamentos variaram entre 3566,0g nos frangos alimentados com 1% de farinha de folhas amargas e 3826,0g nos frangos alimentados com 2% de folhas amargas. O peso eviscerado foi numericamente mais baixo na dieta combinada de folha amarga + folha de cheiro (3059,5g) e mais alto na dieta de 2% de folha de cheiro (3228,5g).

As percentagens de peso dos preparados entre os tratamentos mostraram diferenças significativas. O tratamento 7 (2% de folhas perfumadas) teve a maior percentagem de peso preparado de 77,15%. O tratamento 3 (1% de folha amarga) teve a menor percentagem de peso preparado de 72,54%.

Entre os tratamentos com folhas amargas, a dieta com 3% de inclusão teve a maior percentagem de peso vestido. Foi significativamente diferente da dieta com 1% de folhas amargas e da dieta de controlo negativo. Não foram observadas diferenças significativas entre esta e a dieta de controlo com oxitetraciclina, bem como a dieta com 2% de folhas amargas. Para o grupo de tratamento com folhas de cheiro, não foram observadas diferenças significativas entre os três tratamentos.

As partes individuais do corpo pesadas incluíram cabeça (entre 67,5g e 80,0g), pescoço (entre 176,0g e 213,0g), peito (entre 980,0g e 1096,5g), dorso (entre 382.5g e 453.0g), coxas (entre 444.5g e 518.5g), baquetas (entre 346.0g e 401.5), pernil (entre 135.5g e 168.0g) e asas (entre 357.5g e 382.0g). A partir destes parâmetros medidos, não foram encontradas diferenças significativas entre os tratamentos.

4.5 PESO DOS ÓRGÃOS INTERNOS

As características dos órgãos internos dos frangos experimentais são apresentadas no Quadro 4.5. Pode ver-se no quadro que os órgãos internos das aves experimentais não foram significativamente afectados pelos vários tratamentos.

Quadro 4.5 Características dos órgãos internos

Internal organ parts (g)	T_1 control	T_2 (0.10% oxytetra cycline)	T_3 (1% bitter leaf)	T_4 (2% bitter leaf)	T_5 (3% bitter leaf)	T_6 (1% scent leaf)	T_7 (2% scent leaf)	T_8 (3% scent leaf)	T_9 (1% bitter leaf +1% scent leaf)	SEM
Heart	21.00	19.50	19.50	20.00	21.50	19.00	21.50	18.50	18.50	7.94 NS
spleen	3.50	3.50	3.50	4.00	3.50	4.00	4.00	3.50	3.00	0.36 NS
Lungs	23.00	24.50	21.50	22.00	22.50	17.00	27.00	19.50	21.50	17.36 NS
Liver	62.50	66.00	58.50	68.50	58.00	60.50	59.00	68.00	58.50	70.25 NS
Gizzard	77.00	84.00	78.50	81.50	86.50	92.00	81.50	90.50	86.50	88.28 NS
Intestine	177.00	177.50	194.00	210.00	225.50	189.00	188.00	180.50	200.50	43.78 NS
Abdominal Fat deposit	75.50	72.50	63.00	75.00	63.50	59.50	61.00	79.00	64.50	29.2 NS

NS = Não significativo (P > 0,05)

O peso do coração foi numericamente mais elevado nos tratamentos 5 e 7 (21,50g). Os tratamentos 8 e 9 apresentaram o menor peso de coração com 18,50g. O peso do baço apresentou semelhanças entre os tratamentos e variou entre 3,00g e 4,00g. As aves alimentadas com a dieta do tratamento 6 (1% de folha de cheiro), apresentaram o menor peso de pulmões de 17,00g. No entanto, o tratamento 2 (oxitetraciclina) apresentou os maiores pulmões, com 24,50g. A moela das aves do tratamento 8 (3% folha de cheiro) teve um peso médio de 90,50g e foi a maior entre os tratamentos. No entanto, as aves do tratamento 1 (controlo negativo) apresentaram o menor tamanho de moela, com 77,00g. As aves do controlo negativo também apresentaram o menor peso do intestino, 177,00g. O tratamento 4 (2% de folha amarga) registou o maior peso do intestino, com 210,00g. O peso da gordura abdominal registado foi mais elevado nas aves do tratamento dietético 1, com 75,50 g, e mais baixo nas aves do tratamento 6 (1% de folha amarga), com 59,50 g.

CAPÍTULO CINCO

DISCUSSÃO

5.1 Características de desempenho

Os dados de desempenho das aves experimentais alimentadas com oxitetraciclina e níveis variáveis de inclusão de farinhas de folhas amargas e de folhas de cheiro mostram que os pesos médios iniciais eram semelhantes. Este facto é significativo, pois mostra que nenhum tratamento em particular teve uma vantagem indevida em termos de peso inicial que pudesse ter influenciado os outros parâmetros de peso. O consumo médio total de ração e o consumo médio diário de ração não foram significativamente influenciados pelas dietas dos tratamentos. Isto mostra que a inclusão de antibióticos (oxitetraciclina), folhas amargas e de cheiro não influenciou o consumo de ração nos níveis utilizados nesta experiência. As semelhanças relativas no consumo de ração excluem-no, portanto, como o principal fator para as diferenças observadas com outras características de crescimento.

Apesar das semelhanças relativas no consumo de ração, pode inferir-se que 3% de folha amarga (tratamento 5) pode ter sido responsável por uma ligeira alteração na palatabilidade da ração e, por conseguinte, pela redução do consumo de ração pelas aves nesse tratamento. Mohammed e Zakariya (2012), no seu estudo, registaram um aumento significativo no consumo de ração com a inclusão de 0,25% e 1% de folhas amargas nas dietas de frangos de carne. Isto é contrário aos resultados deste trabalho, que mostraram um aumento não significativo a 1% do nível de inclusão da folha amarga. O relatório de Odoemelam *et al* (2013) não mostrou diferença significativa no consumo de ração após alimentar frangos de corte durante 56 dias com dietas contendo 1%, 1,5% e 2% de folha amarga.

No entanto, conforme indicado no Quadro 4.1, registou-se um aumento marginal do consumo de ração nas dietas que continham 2% de folhas amargas e 2% de folhas perfumadas e uma diminuição correspondente em ambas as dietas quando a percentagem de inclusão aumentou para 3%. O consumo diário de ração nas dietas com folhas amargas aumentou ligeiramente de 164,60g/dia (1% de folhas amargas) para 166,23g/dia na dieta com 2% de folhas amargas. O tratamento 5 com 3% de folhas amargas teve um consumo diário de ração ligeiramente reduzido de 160,75g/dia. Parece que à medida que o nível de folha amarga na dieta aumenta, o seu sabor reduz a palatabilidade da dieta. Também pode ser comparado com o relatório de Olobatoke e Oloniruha (2009), que referiram que o sabor amargo da *Vernonia amygdalina*, bem como a presença de factores antinutricionais, reduzem a ingestão da ração em que é incorporada.

Para as dietas com folha de cheiro, o consumo médio diário de ração no tratamento 6 com 1% de folha de cheiro (164,00g/dia) é comparativamente semelhante ao tratamento 8 com 3% de folha de cheiro (164,09g/dia). O tratamento 7 (2% de folha de perfume) teve um aumento do consumo diário de ração de 165,08g/dia. Odoemelam *et al* (2013) relataram uma tendência de diminuição não significativa no consumo de ração à medida que a inclusão da folha de cheiro aumentava. No entanto, as diferenças observadas neste estudo entre os níveis de inclusão de folhas de perfume são demasiado baixas para apoiar o relatório dos autores.

Verificaram-se diferenças significativas no rácio de conversão alimentar entre os grupos de tratamento. A dieta com oxitetraciclina teve um valor significativamente mais baixo e um melhor rácio de conversão alimentar em comparação com os outros tratamentos. O tratamento 5 com um nível dietético de 3% de folha amarga seguiu-se de perto. O rácio de eficiência proteica seguiu o mesmo padrão que o rácio de conversão alimentar, com a mesma dieta de oxitetraciclina a ter a maior e melhor eficiência. As diferenças significativas observadas entre os grupos de tratamento mostram que a inclusão dos vários aditivos testados influenciou tanto o rácio de conversão alimentar como o rácio de eficiência proteica. Este resultado apoia ainda mais a vantagem da utilização de antibióticos como promotores de crescimento na produção comercial de frangos de carne, mas com o risco de comprometer a saúde pública devido às suas questões de segurança. Interessante é o facto de os frangos criados com níveis variados de folha amarga e folha de cheiro, com exceção da dieta combinada, serem superiores à dieta de controlo negativo que não continha nem oxitetraciclina nem as farinhas de folhas. Este facto justifica, portanto, a utilização destes aditivos como alternativas adequadas aos antibióticos promotores de crescimento.

Também se observou que 3% de folhas amargas proporcionaram melhores rácios de conversão alimentar e de eficiência proteica entre o grupo de tratamento com folhas amargas. Mohammed e Zakariya (2012), no seu relatório, afirmaram que o rácio de conversão alimentar melhorava nos frangos de carne à medida que a percentagem de inclusão de folhas amargas aumentava. 1% de folha de cheiro teve melhor resultado entre o grupo de tratamento com folha de cheiro. Odoemelam *et al* (2013) relataram resultados semelhantes na sua investigação com *Ocimum grattisimum* (folha de cheiro). Alabi e Chime (2007) relataram que a folha de cheiro tem um elevado teor de minerais e vitaminas e pode aumentar a digestibilidade das dietas e, consequentemente, aumentar a utilização dos alimentos, conforme indicado pelo melhor rácio de conversão alimentar.

Os compostos antinutricionais presentes na *Vernonia amygdalina* incluem alcalóides, saponinas, taninos e glicosídeos e são relatados como depressorcs do consumo de ração (Areghore *et al.,* 2009), mas isso também pode contribuir para melhorar a conversão alimentar e os rácios de eficiência proteica, como visto nesta investigação.

A dieta com 3% de folhas amargas, apesar de ter o menor ganho de peso entre os tratamentos com folhas amargas, foi capaz de utilizar os alimentos de forma mais eficiente, como se pode ver pelo seu melhor rácio de conversão alimentar. Este é um fator considerado importante na produção comercial de gado, tal como referido anteriormente. Com rácios de conversão alimentar e de eficiência proteica significativamente mais elevados do que o tratamento de controlo negativo, isso significa que a inclusão percentual de folha amarga e de folha de cheiro na dieta dos frangos de carne influenciou positivamente o desempenho do crescimento.

O tratamento 9 (1% de folhas amargas +1% de folhas perfumadas) deu maus resultados em todas as características de crescimento medidas. Em geral, estas aves tiveram um desempenho inferior ao das galinhas do controlo negativo em todos os parâmetros avaliados. Pode, portanto, inferir-se que a combinação de ingredientes testada teve um efeito negativo no desempenho do crescimento. Pode deduzir-se, assim, que as possíveis contra-interacções entre os dois ingredientes testados tornaram a mistura muito provavelmente inativa.

5.3 Índices hematológicos e de bioquímica sérica

Neste estudo, não foram observadas diferenças significativas na contagem de glóbulos vermelhos, volume de células compactadas, volume corpuscular médio e plaquetas entre os frangos experimentais. Embora existissem variações entre os valores médios dos tratamentos, não foi seguido nenhum padrão específico. Exceptuando o volume corpuscular médio, os outros parâmetros situaram-se dentro dos limites recomendados para aves de mesa por Wikivet (2013). Os valores do VCM foram consideravelmente mais elevados em todos os tratamentos e variaram entre 130,2fl - 139,0fl, em comparação com o intervalo recomendado por Wikivet (2013) de 81fl - 99fl. No entanto, os valores estão dentro da gama recomendada como óptima por Jain (1993) de 90fl - 140fl. O MCV é uma caraterística importante que determina o tamanho das células dos eritrócitos e, por conseguinte, um fator importante para determinar a capacidade das aves para resistir à falta de oxigénio durante muito tempo (Mitruka e Rawnsley, 1997).

Foram encontradas diferenças significativas nos glóbulos brancos, linfócitos, hemoglobina, hemoglobina celular média e MCHC entre as dietas dos frangos. Os seus valores também não seguiram um padrão particular, apesar das variações entre os valores médios. Os valores obtidos neste estudo estão dentro da gama recomendada por Jain (1993). Os valores médios de RBC, hemoglobina, MCV, MCH, MCHC, PCV, WBC, estão perfeitamente dentro da gama de valores hematológicos para frangos relatados por Islam *et al.* (2004). Fajohunbo (2010) em um experimento com *Ocimum grattissimum* na dieta de frangos de corte, relatou valores semelhantes, mas um pouco mais baixos para PCV (26,00%-32,33%), RBC ($2{,}25 \times 10^6$-$2{,}56 \times 10^6$), MCV (109,07fl-118,57fl), hemoglobina (8,90g/dl-10,80g/dl) e linfócitos (54,33%-58,67%).

A partir dos resultados (Quadro 4.2), pode observar-se que, no que respeita aos leucócitos e linfócitos, as aves alimentadas com dietas à base de folhas amargas e de folhas perfumadas registaram aumentos significativos em ambos os parâmetros. Estes aumentos podem dever-se à presença de compostos anti-nutricionais, como saponinas, sesquiterpenos, lactonas, flavonóides e glucósidos esteróides, como vernoniosídeos, em ambos os ingredientes testados (Ohiagashi, 1994; Igile *et al.,* 1995; Areghore *et al.,* 1997). Mitruka e Rawnsley (1997) sublinharam que a elevada percentagem de glóbulos brancos e linfócitos está associada à capacidade de o frango ter um bom desempenho em condições de grande stress. O aumento das contagens de glóbulos brancos e linfócitos dos frangos alimentados com as dietas à base de farinha de folhas sugere possivelmente que os compostos fitoquímicos nelas presentes provocaram uma resposta ao stress nos frangos. O resultado acima referido está de acordo com o relatório de Mohiuddin *et al* (1986) e Safamehr (2008).

Pode sugerir-se que as várias dietas de tratamento tiveram uma influência significativa no perfil hematológico das aves, mas não o suficiente para as colocar arbitrariamente fora do intervalo recomendado para frangos de carne. Isto não colocou as aves em qualquer complicação ou perigo para a saúde, mas foi relativamente suficiente para as manter em condições fisiológicas estáveis.

O perfil bioquímico do soro das aves experimentais mostrou diferenças significativas no colesterol total, nas proteínas totais, na albumina e na globulina entre todos os grupos de tratamento. Os valores de colesterol registados neste estudo (85,0 mg/dl - 154 mg/dl) são consideravelmente mais baixos do que o intervalo recomendado de 155,0 mg/dl - 194,0 mg/dl para aves de mesa, indicado por Wikivet (2013). No entanto, apenas o tratamento 3, com 1% de folha amarga (154,0 mg/dl) está dentro do intervalo de 152,0 mg/dl - 181,0 mg/dl indicado por Abdi-Hachesoo *et al.,* (2011). Se o nível de colesterol obtido a partir do perfil sanguíneo for uma indicação do nível de colesterol da carcaça, isso significa que a carne de aves de capoeira pode ser considerada muito saudável para as pessoas que controlam a sua ingestão de colesterol. (1997), os efeitos redutores de colesterol das dietas à base de farinha de folhas devem-se provavelmente em parte à formação de complexos insolúveis entre o colesterol e as saponinas presentes nas farinhas. A formação desses complexos no trato digestivo dos frangos impediria a absorção das saponinas e reduziria o nível de colesterol.

5.2 Características da carcaça

As características da carcaça mostraram que o peso vivo médio, o peso depenado e o peso preparado, bem como as partes cortadas, como a cabeça, o pescoço, o peito, o dorso, a coxa, a vara e a asa, não foram significativamente influenciados pelas dietas dos tratamentos. No entanto, a percentagem de peso preparado, que é a relação percentual entre o peso eviscerado e o peso vivo, apresentou diferenças significativas entre as dietas dos tratamentos. O peso das partes cortadas, como o peito e as coxas, foi relativamente mais elevado no tratamento 7 (2% de folha de cheiro) e menos no tratamento 3 (1% de folha amarga).

As semelhanças nos valores dos traços de carcaça examinados no estudo sugerem que os frangos de carne podem ser alimentados com dietas com vários níveis de farinhas de folhas de cheiro e de folhas amargas sem impacto negativo nas características da carcaça. A percentagem de peso vestido representa o valor absoluto da carne vendável e, neste estudo, variou entre 72,54% e 77,15%. Será correto sugerir, portanto, que níveis variáveis de folha amarga e folha de cheiro nas dietas de frangos de carne melhoraram positivamente o peso eviscerado e a percentagem de peso vestido das aves e, em última análise, aumentaram a rentabilidade. O elevado peso eviscerado e a elevada percentagem de peso preparado das aves criadas com suplementos de ervas aromáticas e especiarias indicam possivelmente uma melhor e mais eficiente utilização dos nutrientes em termos de digestão, absorção e assimilação. Também indica que os pesos finais não se devem a miudezas não comestíveis que podem não contribuir para a rentabilidade (Oluyemi e Roberts, 2000).

Os valores comparáveis dos órgãos internos entre os grupos de tratamento mostram que as variações marginais observadas podem não ser necessariamente devidas às dietas de ensaio, uma vez que não foi seguido um padrão específico. A variação não significativa dos pesos do rim, do fígado e do baço sugere ainda que houve um equilíbrio de nutrientes nas dietas de ensaio, bem como uma presença mínima de factores antinutricionais.

CAPÍTULO SEIS
CONCLUSÃO E RECOMENDAÇÃO

6.1 Conclusão

Os resultados apresentados neste estudo mostraram que as farinhas de folhas (folha amarga e folha perfumada) nos seus vários níveis de inclusão nas dietas de frangos de carne, exceto a dieta combinada, melhoraram geralmente o ganho de peso corporal e as percentagens de peso de cobertura. É digno de nota que o grupo de tratamento com 3% de folhas amargas apresentou melhores rácios de conversão alimentar e de eficiência proteica entre os tratamentos com farinhas de folhas. Além disso, as galinhas com 2% de folhas amargas produziram uma melhor percentagem de peso no estudo. Também se observou que tiveram melhorias variadas nas características hematológicas e séricas sem comprometer as características da carcaça das aves. O tratamento com 1% de folhas perfumadas proporcionou um nível significativamente mais baixo de colesterol no perfil sérico das aves.

Dos relatórios acima, pode concluir-se que a inclusão das farinhas de folhas teve efeitos positivos significativos no desempenho dos frangos de carne em comparação com o controlo negativo que não continha qualquer aditivo. Também ficou claro neste estudo que as farinhas de folhas se mostraram muito promissoras como boas alternativas ao antibiótico promotor de crescimento oxitetraciclina, comummente utilizado na Nigéria.

6.2 Recomendações

1. A inclusão de folhas amargas e de folhas de perfume até 3% cada nas dietas de frangos de carne melhorou significativamente o ganho de peso corporal, a percentagem de preparação, a conversão alimentar e os rácios de eficiência proteica. Recomenda-se, por conseguinte, que possam ser utilizadas até este nível na produção comercial de frangos de carne para substituir os antibióticos habitualmente utilizados, como a tetraciclina.

2. Para avaliar adequadamente a utilidade das farinhas estudadas em rações para aves, será necessário expandir o estudo para determinar o conteúdo das farinhas em

factores anti-nutricionais, tais como oxalato, nitrito, saponinas e alcalóides. Isto facilitará a criação de dietas optimizadas e seguras com farinhas de folhas e permitirá determinar com precisão o valor nutricional das farinhas de folhas.

3. Em resultado dos efeitos positivos da farinha de folhas no desempenho dos frangos de carne, recomenda-se, portanto, que esta investigação seja alargada a outras aves de capoeira, como as poedeiras e os perus.

4. Os frangos de carne na fase de acabamento acabarão por ser abatidos e consumidos pelos seres humanos. É essencial que a sua carne seja de alta qualidade, pelo que será necessário estudar as propriedades da carne derivada desses frangos que consumiram dietas contendo farinhas de folhas e demonstrar a sua aptidão para o consumo humano.

REFERÊNCIAS

Abosi, A.O. e Rasoreta, B.H. (2003). Atividade anti-malária in-vivo de *Vernonia amygdalina. British Journal of Biomedical Sciences 60(2):89-91.*

Adebolu, T.T. e Oladumeji, S.A. (2005). Atividade antimicrobiana de *Ocimum gratissimum* em bactérias seleccionadas causadoras de diarreia no Sudoeste da Nigéria. *Jornal Africano de Biotecnologia. 4(7): 682 - 684.*

Adene, D. F. e Oguntade, A. E. (2006). *Nigeria: poultry sector country review.* Obtido em *ftp://ftp.fao. org/docrep/fao/011/ai352e/ai352e00.pdf*

Aderemi, F. A. (2004). Effects of replacement of wheat bran with cassava root sieviate supplemented or unsupplemented with enzyme on the haematology and serum biochemistry of pullet chicks. *Tropical Journal of Animal Science, 7,* 147153

Afolabi, K. D., Akinsoyinu, A. O., Olajide, R. e Akinleye, S. B. (2010). Parâmetros hematológicos dos frangos de criação local nigerianos alimentados com diferentes níveis dietéticos de bolo de palmiste (p.247). *Actas da 35.ª Conferência Anual da Sociedade Nigeriana de Produção Animal.*

Aiello, S. E. (1998). *The Merck Veterinary Manual.* Merck and Co., Inc. (8ª Edição) pp.4-52

Alabi, R.A. e Chime, C.C (2007). Impacto da produção alimentar na importação de alimentos. Relatório intercalar apresentado ao Consórcio Africano de Investigação Económica (AERC) Nairobi.

Al-Harthi, M.A. (2006). Impacto de enzimas alimentares suplementares, mistura de condimentos ou a sua combinação no desempenho de frangos de carne, digestibilidade de nutrientes e constituintes plasmáticos. *Revista Internacional de Ciência Avícola,* 5 (8), 764-771.

Amel, O. B., Mariam, S. A., Ehsan, A. S., El-Badwi, M. A. S. (2006). Alguns valores bioquímicos nos gansos sudaneses *(Anser anser)* jovens e adultos. *Journal of Animal Veterinary Advance. 5:24-26.*

Amerah, A.M., Ravindra, V., Lentle, R.G. e Thomas, D.G. (2007). Tamanho das partículas da ração: implicações na digestão e no desempenho das aves de capoeira. *World's Poultry Science Journal. 63: 439-455.*

Anyanwu, M. (2010). Avaliação do potencial de conservação de alimentos de *Ocimum gratissimum*. Um projeto de investigação B.Sc. não publicado, Departamento de Ciência Animal, Universidade Federal de Tecnologia, Owerri.

Apajalahti, J., Kettunen, A. e Graham, H. (2004). Characteristics of the gastrointestinal microbial communities, with special reference to the chicken (Características das comunidades microbianas gastrointestinais, com especial referência ao frango). *Worlds Poultry Science Journal. 60:223-232.*

Apata, D.F., (2008). Desempenho do crescimento, digestibilidade dos nutrientes e resposta imunitária de pintos de carne alimentados com dietas suplementadas com uma cultura de *Lactobacillus bulgaricus. Jornal de Ciência e Agricultura Alimentar, 88:1253-1258.*

Areghore, E.M., Makkar,H.P.S e Becker,K (1997).Composição química e taninos em folhas de algumas plantas de crescimento do Estado do Delta, Nigéria, consumidas por ruminantes. *Actas da Sociedade de Fisiologia Nutricional, 5:11-15*

Areghore, E.M., Ekpo, K.E., Anosike, E.O., Ibeh, G.O. (2009). Efeito do extrato aquoso de folha amarga *(Vernonia amygdalina)* na lesão hepática induzida por tetracloreto de carbono em ratos albinos wistar. *Jornal Europeu de Investigação Científica, 26:115 - 123.*

Aruoma, O. I., Spencer, J.P.E., Warren, D., Jenner, P., Butler, J. e Halliwell, B. (1997). Caracterização de antioxidantes alimentares, ilustrada utilizando preparações comerciais de alho e gengibre. *Revista de química alimentar 60(2) 149-156.*

Awodi, S., Ayo, J. O., Atodo, A. D. e Dzende, T. (2005). Alguns parâmetros hematológicos e a fragilidade osmótica dos eritrócitos na pomba do riso (Streptopella senegalensis) e na ave desmamada da aldeia (*Ploceus cucullatus*). *Actas da 10ª Conferência Anual da Associação de Ciência Animal da Nigéria, 384-387.*

Bagby, G. C. (2007). Leucopenia e leucocitose. *Cecil Medicine. 23ª edição.* Filadélfia, EUA, 173.

Bamishaiye, E., Muhammad, N. e Bamishaiye, O. (2009). Parâmetros hematológicos de ratos albinos alimentados com uma dieta à base de nozes de tigre (Cyperus esculentus). *The Internet Journal of Nutrition and Wellness, 10(1)*.

Benzenic, I. F. (2003). Avaliação de antioxidantes dietéticos. *Comparative biochemistry and physiology part A, Molecule and integrative physiology*, 136 (1), 113-126.

Bhat, B.G., Sambaiah, K. e Chandrasekhara, N. (1984). Influências da curcumina e da capsaicina na composição e secreção da bílis em ratos. *Journal of Food Science and Technology*. 21: 225-227.

Biagioli, M., Pinton, M., Cesselli, D. (2009). Expressão inesperada de alfa e beta-globina em neurónios dopaminérgicos mesencefálicos e células gliais. *Actas da Academia Nacional de Ciências. EUA. 106(36): 15454-9*.

Budason T.T. (2000), Fruits, vegatables and cancer prevention. A review of epidemiological study.Washigton D.C.

Bunn, H. F. (2011). Abordagem das anemias. In: Goldman, L., Schaffer, A. I. eds. Cecil Medicine. 24ª ed. Philadelphia, Pa: Saunders Elsevier, 161.

Burt, S. (2004), Essential oils: As suas propriedades antibacterianas e potencial aplicação nos alimentos. *Jornal Internacional de Microbiologia Alimentar*. 94; 225-253.

Butaye, P., Devriese, L. A. e Haesebrouck, F. (2003). Promotores de crescimento antimicrobianos utilizados em alimentos para animais: Effects of less well known antibiotics on Grampositive bacteria. *Clinical Microbiology Review, 16:175-188*.

Bywater, R. J. (2005). Identificação e vigilância da disseminação da resistência antimicrobiana na produção animal. *Revista Poultry Science. 84:644-648*.

Cardazo, P.W., Calsamigha, S., Farret, A. e Kamel, C. (2004). Efeito de extractos naturais de plantas na degradação ruminal e nos perfis de fermentação em cultura contínua. *Journal of Animal Science, 82: 320 - 3236*.

Carlson, G. P. (1996). Testes de química clínica. In: B. P. Smith (Ed.), *Large Animal Internal Medicine* (2ª edição). EUA: Mosby Publisher.

Carrijo, A.S., Madeira, L.A., Sartori, J.K., Pezzato, A.C., Cruz, V.C. (2005). Alho em pó na alimentação alternativa de frangos de corte. *Revista Brasileira de Ciências Agrárias. 40 (7): 673 - 679*.

Celso, V. N., Ueda-Nakamura, T., Bando, E., Fernandes, A., Melo, N., Cortez, D. A. G.,e Filho, B.P.D. (2002). 'Atividade Antibacteriana do Óleo Essencial de *Ocimum gratissimum* L.' *Memorias do Instituto Oswald Cruz.* 94 (5): 675 - 678.

Centinkaya, Y.P., Falk, P. e Mayhall, C.G. (2000). Enterococos resistentes à vancomicina. *Clinical Microbiology Review, 13:686-707.*

Chastre, J. (2008). Evolução dos problemas com agentes patogénicos resistentes. *Infecções Microbianas Clínicas, 14: 3-14.*

Chineke, C.A., Ologun, A.G. e Ikeobi, C.O.N. (2006). Parâmetros hematológicos em raças e cruzamentos de coelhos nos trópicos húmidos. *Pakistan Journal of Biological Sciences, 9:2102-2106.*

Chrubasik, S., Pittler, M.H. e Roufogalis B.D. (2005), *Zingiberis rhizome:* Uma revisão exaustiva do efeito do gengibre e dos perfis de eficácia. *Fitomedicina 12, 684-701*

Conly, J. (2002). Antimicrobial resistance in Canada (Resistência antimicrobiana no Canadá). *Canadian Medical Association Journal. 167:885-891.*

Cuppett, S.L. e Hall, C.A. (1998). Antioxidant activity of *Labiatae. Food and Nutrition Research.* 42, 245-271.

David, A. M. (2004). Nigeria's poultry market: can it come back? Serviço Agrícola Estrangeiro do USDA. Recuperado de *http://www.fas.usda.gov/info/agexporter/*

Daramola, J. O., Adeloye, A. A., Fatoba, T. A., e Soladoye, A. O. (2005). Parâmetros hematológicos e bioquímicos de cabras anãs da África Ocidental. *Livestock Research for Rural Development, 17*(8), 95.

DeMoranville, V. E. e Best, M. A. (2013). Hematócrito. Enciclopédia de Cirurgia: Um guia para doentes e prestadores de cuidados. Disponível em: *wikipedia.org/wiki/haematology.*

Denli, M., Okan, F. e Celix, K. (2003). Effect of dietary probiotic, organic acids and antibiotic supplementation to diets on broiler performance and carcass yield. *Jornal de Nutrição do Paquistão. 2 (2): 89 -91.*

Dieterien-Lievre, F. (1988). Aves. In: *Vertebrate Blood Cells.* Rawley A. F., Ratcliffe N.A., eds. Cambridge, U. K.: Cambridge University Press. 257-336

Dinauer, M. C., Coates, T. D. (2008). Distúrbios da função e do número de fagócitos. Em Hoffman R., Benz, E. J. Jr., Shattil, S. J., eds. Hoffman Haematology: Basic Principles and Practice. 5th ed. Philadelphia, Pa: Churchill Livingstone Elsevier, 50.

Dominguez, D. V. E., Ruiz, C. M. T., Rubio, J. J. A. (1981). Igualdade da capacidade de ligação ao oxigénio invivo e invitro da hemoglobina em doentes com doença respiratória grave. *British Journal of Anesthesia, 53(12): 1325-8.*

Dugdale, D. C. (2011). Contagem de glóbulos brancos. Medline Plus. Recuperado de medlineplus.com

Egbe-Nwiyi, T. N., Nwaosu, S. C. e Salami, H. A. (2000). Valores hematológicos de ovinos e caprinos aparentemente saudáveis influenciados pela idade e pelo sexo na zona árida da Nigéria. *Jornal Africano de Investigação Biomédica, (32):109-115.*

Effrain, I. O., Salami, H. A. e Osewa, T. S. (2000). O Efeito do Extrato Aquoso da Folha de *Ocimum gratissimum* nos Parâmetros Hematológicos e Bioquímicos em Coelhos. *Jornal Africano de Investigação Biomédica.* 175 - 179.

Eckel, R., Roth, F.X., Kirchgessner, M. e Eidelsburger, U. (1992), In: Use of phytogenic products as feed additives from swine and poultry (Eds.Windisch, W., Schelde, K., Plitzner, C. and Kroismayr, A. (2007). *Journal of Animal Science,* (86), 140-148.

Enerberg, R.M., Hedermann, M.S., Lasser, T.D. e Jenson, B.B. (2000). Effect of zinc Bacteracin and Salinomycin on intestinal microflora and performance of broilers. *Poultry Science, 99: 1311 - 1319.*

Eskin, N.A. e Robinson, D.S. (2000), *Food shelf life stability; Chemical Biochemical and microbiological changes.* CRC press LLC, N.W Corporate Blvd.boca Raton florida.182p.

Elagib, H.A.A., e Ahmed, A.O.A. (2011). Estudo comparativo dos valores hematológicos do sangue de galinhas indígenas no Sudão. *Asian Journal of Poultry Science. 2011; 41-45.*

Etim, N. N. (2010). Respostas fisiológicas e reprodutivas de coelhas à Aspilia africana. Uma tese de mestrado não publicada. Departamento de Criação e Fisiologia Animal, Universidade de Agricultura Michael Okpara, Umudike,

Estado de Abia, Nigéria.

Fajohunbo, G.O. (2010). Efeito da farinha de folhas de *Ocimum grattisimum* nos parâmetros hematológicos de frangos de carne. Dissertação não publicada na Faculdade de Ciências Animais e Produção Animal, Universidade de Agricultura, Abeokuta.

Organização das Nações Unidas para a Alimentação e a Agricultura (FAO). (2005). Resumo do sector pecuário: *Nigéria.*
Obtido em *http://www.fao.org/ag/againfo/resources/en/pubs_sap.html*

Feighner, S.D. e Dashkericz, M.P. (1998). Níveis subterapêuticos de antibióticos em rações para aves de capoeira e o seu efeito no ganho de peso, na eficiência alimentar e na atividade bacteriana da colitaurina hidrolax. *Applied Rabbit Research. 13: 125 - 128.*

Gernsten, T. (2009). Enciclopédia médica Medline Plus: Índices de hemácias. *Disponível em: wikipedia.org*

Gold, H. S. e Moellering, R. C. (1996). Antimicrobial-drug resistance (Resistência aos medicamentos antimicrobianos). *North England Journal of Medicine. 335:1445-1453.*

Grashorn, M.A. (2010). Uso de fitobióticos na nutrição de frangos de corte: Uma alternativa aos antibióticos na alimentação? *Journal of Animal and Feed Sciences, 19,2010, 338 - 347*

Head, I. M., Saunders, J. R. e Pickup, R. W. (1998). Microbial evolution, diversity, and ecology: A decade of ribosomal RNA analysis of uncultivated microorganisms (Uma década de análise do ARN ribossómico de microrganismos não cultivados). *Microbe Ecology. 35:1-21.*

Ibrahim, G., Abdurahman, E.M., Ibrahim, H. e Ibrahim, N.O. (2010). Estudos citomorfológicos comparativos sobre os estudos de *Vernonia amygdalina* e *Vernonia kotschyama. Jornal Nigeriano de Botânica 23(1):133-142.*

Igile G.O., Oleszek S.B., Burda S., Jurzysta,M. (1995). Avaliação nutricional das folhas de *Vernonia amygdalina* em ratos em crescimento *Journal of Agriculture and Food Chemistry,* 43:2162-2166

Iheukwumere, F. C., e Herbert, U. (2002). Physiological Responses of Broiler

Chickens to Quantitative Water Restrictions (Respostas Fisiológicas de Frangos de Corte a Restrições Quantitativas de Água): Hematologia e bioquímica do soro. *International Journal of Poultry Science, 2*(2), 117-119.

Ilori, M, Sheteolu, A. O., Omonigbehin, E. A., Adeneye, A. A. 1996. Atividade antibacteriana de *Ocimum gratissimum (Lamiaceae)*. *Jornal de Resistência a Doenças.* 14: 283 - 285.

Imark, C., Kneubuhl, M., Bodmer, S. (2000), Occurence and activity of natural antioxidants in herbal spirits. *Ciência alimentar inovadora e tecnologias emergentes 1 (4), 239-243.*

Instituto de Ciências Biomédicas (2013). Tudo sobre hematologia: o trabalho e as funções dos hematologistas. *Disponível em: www.ibms.org>science*

Isaac, L. J., Abah, G., Akpan, B., & Ekaette, I. U. (2013). *Propriedades hematológicas de diferentes raças e sexos de coelhos* (p.24-27). Actas da 18.ª Conferência Anual da Associação de Ciência Animal da Nigéria.

Islam, M. S., Lucky, N. S., Islam, M. R., Ahad, A., Das, B. R., Rahman, M. M., e Siddiui, M. S. I. (2004). Haematological Parameters of Fayoumi, Assil and Local Chickens Reared in Sylhet Region in Bangladesh (Parâmetros hematológicos de Fayoumi, Assil e galinhas locais criadas na região de Sylhet no Bangladesh). *International Journal of Poultry Science, 3*(2), 144-147.

Iwuji, T. C., e Herbert, U. (2012). Características hematológicas e bioquímicas séricas de coelhos alimentados com dietas contendo farinha de sementes de garcimiola kola (p.87-89). *Actas da 37.ª Conferência Anual da Sociedade Nigeriana de Produção Animal.*

Iwu, M. M. 1993. *Handbook of African Medicinal Plants (Manual de Plantas Medicinais Africanas).* CRC Press Inc. Boca Raton, Florida.

Jain, N. C. 1993. *Essential of Veterinary Hematology.* Lea and Febiger, Philadelphia, U. S. A. pp. 133 - 168.

Jamroz, D., Weretlecki, T., Houszka, M e Kamel, C. (2006). Influência do tipo de dieta na inclusão de substâncias activas de origem vegetal nas características morfológicas e histoquímicas das paredes do estômago e do jejuno em frangos.

Journal of Animal Physiology and Nutrition. 90:255-268.

Jang, I S., Ko, Y. H., Yang, J.S., Ha, J. S., Kim, J.Y., Kang, S.Y., Yoo, D.H., Nam, D.S., Kim, D.H. e Lee, C.V. (2004). Influência dos componentes do óleo essencial no desempenho do crescimento e na atividade funcional do pâncreas e do intestino delgado em frangos de carne *(Asian australas). Journal of Animal Science, 17, 350-355.*

Johnston, J. K., e Morris, D. D. (1996). Alterações nas proteínas do sangue. Em B. P. Smith (Ed.), *International Animal Medicine* (2ª edição). EUA: Mosby Publishers.

Jukes, T. H. e Williams, W. L. (1953). Efeitos nutricionais dos antibióticos. *Pharmacology Review.* 5:381-420.

Jukes, T.H. (1972). Antibióticos em alimentos para animais e produção animal. *BioSource* 22, 526-534.

Jukes, T.H. (1977). A história do "efeito de crescimento dos antibióticos". *Actas da Federação* 37, 2514-2518.

Jukes, T.II. (1985). Algumas notas históricas sobre a clortetraciclina. Revisões de Doenças Infecciosas 7, 702-707.

Junaid, S., Olabode, A.O., Onwuliri, F.C., Okwori, A.E.J. e Agina, S.E. (2006), The antimicrobial properties of *Ocimum gratissimum* extracts on some selected bacterial gastrointestinal isolates. *Jornal Africano de Biotecnologia.* 5(22), 23152321.

Kabir, M., Akpa, G. N., Nwagu, B. I., Adeyinka, I. A., e Bello, U. I. (2011). Dimorfismo sexual, características de raça e idade de coelhos em Zaria, Nigéria (p.133-137). *Actas da 16.ª Conferência Anual da Associação de Ciência Animal da Nigéria.*

Kehinde, A.S., Obun, C.O., Inuwa, M e Bobadoye, O. (2011). Desempenho de crescimento, índices hematológicos e alguns índices bioquímicos séricos de pintos de galo alimentados com dietas aditivas de gengibre (Zingiber officinale). *Actas da 36.ª conferência da Sociedade Nigeriana de Produção Animal. 13-16 de março, Universidade de Abuja, Nigéria Pp 185-189.*

Khachatourians, G. G. (1998). Agricultural use of antibiotics and the evolution and transfer of antibiotic-resistant bacteria (Utilização agrícola de antibióticos e evolução e transferência de bactérias resistentes a antibióticos). *Jornal da Associação Médica Canadiana. 159:1129-1136.*

Khan, K. R., Mairbaurl, H., Humpeler, E. e Bectjen, P. (1987). O efeito dependente da dose de corticosterona sobre a capacidade de transporte de oxigénio e o metabolismo das hemácias em humanos e ratos. *Pakistan Journal of Pharmacology,* 4: 23-36.

Khan, M. Z., Szarek, J., Koncicki, A., e Krasnodebska-Depta, A. (1994). Administração oral de monensina a pintos de carne: Efeito nos parâmetros hematológicos e bioquímicos. *Ata Veterinaria Hungarica, 42(1),* 111-120.

Khan, T. A., e Zafar, F. (2005). Haematological study in response to varying doses of estrogen in broiler chicken (Estudo hematológico em resposta a doses variáveis de estrogénio em frangos de carne). *International Journal of Poultry Science,* 4(10), 748-751.

Kleinbeck, S. N., e McGlone, J. J. (1999). Intensive indoor versus outdoor swine production systems: genotype and supplemental iron effects on blood haemoglobin and selected immune measures in young pigs. *Journal of Animal Science,* 77(9), 2384-2390.

Kolar, M., Pantucek, R., Bardon. J., Vagnerova, I., Typovska, H., Doskar, J. e Valka, I. (2002). Ocorrência de estirpes bacterianas resistentes a antibióticos isoladas em aves de capoeira. *Veterinary Medicine-Czech, 47: 52-59.*

Kopp, R. e Hetesa, J. (2000). Alterações dos índices hematológicos da carpa juvenil (Cyprinus carpio L.) sob a influência de populações naturais de florescências de cianobactérias na água. *Ata Veterinaria Brno, 69:131-137.*

Kral, I.P. (2000). Estudos hematológicos em galos reprodutores adolescentes. *Ata Veterinaria Brno. 2000;69:189-194.*

Kurtoglu, F., Kurtoglu, V., Celik, I., Kegeci, T., e Nizamlioglu, M. (2005). Effects of dietary boron supplementation on some biochemical parameters, peripheral blood lymphocytes, splenic plasma cells and bone characteristics of broiler chicks given diets with adequate or inadequate cholecalciferol (vitamin D3) content. *British Poultry Science, 46*(1), 87-96.

Lee, K.W., Everts, H e Beynen, A. C. (2004), Essential oils in broiler nutrition, *International Journal of Poultry Science. (12), 738- 752.*

Levy, S. B. (1998). O desafio da resistência aos antibióticos. *Scientific American. 278:46-53.*

Lu, J., Idris, U., Harmon, B., Hofacre, C., Maurer, J. J. e Lee, M. D. (2003). Diversity and succession of the intestinal bacterial community of the maturing broiler chicken. *Applied Environmental Microbiology. 69:6816-24.*

Lukasova, J. e Sustackova,A, (2003). Enterococci e resistência aos antibióticos. *Ata Veterinaria Brno,* 72: 315-323.

Madubike, F.N. e Ekenyem, B.U. (2006). Características hematológicas e bioquímicas do soro de pintos de carne alimentados com níveis variáveis de farinha de folhas de *Ipomoea asarifolia na dieta. International Journal of Poultry Science, 5:9-12.*

Matasyoh, L.G., Matasyoh, J.C., Wachria, F.N. Kinyua M.G., Mingai-Thairu, A.W., Mukiama, T.K. (2007). Composição química e atividade antimicrobiana do óleo essencial de *Ocimum gratissimum* L que cresce no Quénia Oriental. *Jornal Africano de Biotecnologia. Pp. 6 (6): 760 - 765.*

Maton, A., Hopkins, R. L. J., McLaughlin, C. W., Johnson, S., Warner, C. W., LaHart, D., e Wright, J. D. (1993). *Human Biology and Health.* Englewood Cliffs, New Jersey, EUA: Prentice Hall.

Mead, P. S., Slutsker, L., Dietz, V., McCaig, L. F., Bresee, J. S., Shapiro, C., Griffin, P. M., e Tauxe, R. V. (1999). Doenças e mortes relacionadas com a alimentação nos Estados Unidos. *Revista Emerging Infectious Disease. 5:607-625.*

Medline Plus, (2012). Contagem de glóbulos brancos. Biblioteca Nacional de Medicina - Instituto Nacional de Saúde. Disponível em *www.medlineplus.com*

Mellor, S. (2000). Os antibióticos não são os únicos factores de crescimento. *World poultry journal, 16(1), 14-15.*

Manual Mereck (2012). *Intervalos de referência hematológicos.* Manual Veterinário Mareck. Recuperado de *http://www.merckmanuals.com/.*

Mitruka H.M. e Rawnsley S.K. (1997). *Chemical, Biochemical and Haematological reference in experimental Animal.* Mason, N.Y. PP. 287- 380.

Mmereole, F. U. C. (2008). The Effects of Replacing Groundnut Cake with Rubber Seed Meal on the Haematological and Serological Indices of Broilers (Os efeitos da substituição do bagaço de amendoim por farinha de sementes de borracha nos índices hematológicos e serológicos de frangos de carne). *Jornal Internacional de Ciência Avícola, 7*(6), 622-624.

Mohammed , A.A. e Zakariya, A.S. (2012). Folha amarga *(Vernonia amygdalina)* como um aditivo alimentar em dietas de frangos de corte. *Jornal de Investigação de Ciência Animal 6(3):38 - 41*

Mohiuddin, S.M., Reddy, M.V., Reddy, M.M. e Ramakrisha, N.R. (1986). Estudos sobre a atividade fagocítica e alterações hematológicas na aflatoxicose em aves de capoeira. *Indian Veterinary Journal.* 63: 442-445

Moore, P.R., Evension A., Luckey T.D. (1946). Utilização de sulfasuxidina, stretothricin e streptomysin em estudos nutricionais com o pinto. *Journal of Biochemistry 165, 437-441.*

Moran, E. T. J. (1982) Comparative nutrition of fowl and swine.The gastrointestinal systems.University of Guelph.

Muhammed, N. O., Oloyede, O. B., Owoyele, B. V. e Olajide, J. E. (2004). Efeito deletério da dieta à base de farinha de sementes de *Terminalia catappa* desengordurada nos parâmetros hematológicos e urinários de ratos albinos *NISEP J.,* 4(2):51-57

Muhammad , J., Fazil-Raziq, D., Abdul H., Rifatullah, K. e Ijaz A. (2009), Effects of aqueous extract of plant mixture on carcass quality of broiler chicks. *Animal Research Publishing Network (ARPN) Journal of Agricultural and Biological Sciences 4(1), 37-40.*

Munaya, C. (2013). Extractos à base de folhas amargas curam a co-inferência da hepatite e outros. *Jornal The Guardian,* 25 de julho de 2013.

Nakamura, C. V., Nakamura, T. V., Bando, E., Melo, A. F. N., Cortez, D. A. G., e Dias Filho, B. P. (1999). Atividade antibacteriana do óleo essencial de *Ocimum gratissimum* L. *Revista Memorias do Instituto Oswaldo Cruz,* 94:675-678

Nakatani, N. (2000). Antioxidantes fenólicos de ervas e especiarias. Biofactores, 141-146.

Conselho Nacional de Investigação (NRC). 1994. *Nutrient requirements of poultry (Necessidades de nutrientes das aves de capoeira).* 9ª edição revista. National Academy Press, Washington, D.C.

Conselho Nacional de Investigação (NRC). 1999. Comité sobre a utilização de medicamentos em animais destinados à alimentação humana. Painel sobre saúde animal, segurança alimentar e saúde pública. The use of drugs in food animals: Benefits and risks. Washington, D.C.: National Academy Press.

Nwabugwu, C.C. (2010), Evaluation of the feed preservative potentials of *Ocimum gratissimum* L. projeto B.Sc não publicado, Departamento de Ciência Animal, Universidade Federal de Tecnologia, Owerri.

Nwachukwu, E. (2009), Avaliação das propriedades antioxidantes da *Monodora mynstica* (noz-moscada africana). Um projeto B.Sc não publicado. Universidade de Agricultura Micheal Okpara, Umudike.

Nwanjo, H.U. (2005). Eficácia do extrato aquoso de folhas de *Vernonia amygdalina* na lipoproteína e oxidação do plasma. *Jornal Nigeriano de Ciências Fisiológicas.* 20:39-42.

Nwosu, M. O. e Okafor, J. I. (1995). Estudos preliminares das actividades antifúngicas de algumas plantas medicinais contra basidiobolus e alguns outros fungos patogénicos. *Mycoses.* 38: 191 - 195.

Obi, T. W., Olubukola, A., e Maina, G. A. (2008) *Pro-poor HPAI risk reduction strategies in Nigeria - background paper.* Obtido em http://www.hpai-research.net/working_papers.html

Oboh, O. J., Honeybell, I. M. e Enabuele, S. A. (2009). Propriedades nutricionais e antimicrobianas das folhas de *Ocimum gratissimum. Jornal de Ciências Biológicas,* 9: 377-380.

Oboh, S.O. e Igene, F.U. (2006). *Poultry production.* The Nigerian industry. GLJ General services LTD, Ibadan, Nigéria.

Odoemelam, V.U., Nwaogu, K.O., Ukachukwu, S.N., Esonu, B.O., Okoli, I.C., Etuk, E.B., Ndelekwute, E.K., Etuk, I.F., Ogbuewu, I.P. e Kadurumba, O.E. (2012). Desempenho de frangos de corte alimentados com dietas suplementadas com *Ocimum gratissimum* L. *Actas da 6ª Conferência Anual da Sociedade da Nigéria para o Conhecimento e Desenvolvimento Indígena. (NSIKAD). 5 a 7 de junho MOUA, Umudike. Pp. 15-16.*

Odoemelam, V.U., Nwaogu, K.O., Ukachukwu, S.N., Esonu, B.O., Okoli, I.C., Etuk, E.B., Ndelekwute, E.K., Etuk, I.F., Aladi, N.O. e I.P. Ogbuewu (2013), Carcass and Organoleptic assessment of Broiler fed *Ocimum gratissimum* Supplemented diets. *Actas da 38ª Conferência da Sociedade de Produção Animal da Nigéria. 17-20 de março de 2013, Universidade de Ciência e Tecnologia do Estado de Rivers, Port Harcourt, 767-770.*

Gabinete de Avaliação Tecnológica (OTA). 1995. *Impactos das bactérias resistentes aos antibióticos.* OTA-H-629 ed. Washington, DC: US Government Printing Office.

Ogunbajo, S. O., Alemede, I. C., Adama, J. Y., e Abdullahi, J. (2009). Parâmetros hematológicos de coelhas castanhas da Savana alimentadas com níveis variáveis de farinha de sementes de árvores flamboyant na dieta. *Actas da 34ª Conferência Anual da Sociedade Nigeriana de Produção Animal. Pp 88 - 91*

Oguz, H., Kececi, T., Birdane, Y. O., Onder, F., e Kurtoglu, V. (2000). Efeito da clinoptilolita nos caracteres bioquímicos e hematológicos séricos de frangos de carne durante a aflatoxicose. *Investigação em Ciências Veterinárias, 69*(1), 89-93.

Ohiagashi M.(1994). Avaliação da atividade antibacteriana de algumas plantas medicinais tradicionais. *Jornal Etíope de Desenvolvimento da Saúde,* 13:211-216

Oko, O.O.K. e Agiang, E.A. (2009), Avaliação fitoquímica de 3 extractantes das folhas de *Aspilia africana. Actas da conferência internacional sobre a crise alimentar global, 19 a 24 de abril, Universidade Federal de Tecnologia, Owerri, Nigéria, 87-90.*

Okoli, R.I., Aigbe, O., Ohafu-Obode, J.O. e Mensah, J.K. (2007). Ervas medicinais utilizadas para tratar algumas doenças comuns entre o povo Esan do Estado de Edo, Nigéria. *Jornal de Nutrição do Paquistão 6(5):470-490.*

Olafedehan, C. O., Obun, A. M., Yusuf, M. K., Adewumi, O. O., Oladefedehan, A. O., Awofolaji, A. O., e Adeniji, A. A. (2010). Effects of residual cyanide in processed cassava peal meals on haematological and biochemical indices of growing rabbits (p.212). *Actas da 35.ª Conferência Anual da Sociedade Nigeriana de Produção Animal.*

Olobatoke,R.Y. e Oloniruha, J.A. (2009). Avaliação hematológica da eficiência da folha amarga na redução de infecções em galos. Actas do congresso mundial sobre plantas medicinais e aromáticas, 2008, Cidade do Cabo, África do Sul. pp :472-473.

Olomu, J.M. (1995). *Monogastric Animal Nutrition: Principles and practices* (1st edition). Publicação A. Jacham, Cidade de Benin, Nigéria.

Olomu, J.M. (2003). *Poultry production (chickens, turkeys, guines fowls, ducks and geese).* Publicação de A. Jachem.

Oluyemi, J.A. e Roberts, F.A. (2000). *Poultry Production in Warm Wet Climate (Produção de Aves em Clima Quente e Húmido).* 2nd edition, Spectrum Books Ltd. Ibadan, Nigéria, Pp. 210.

Omiyale, C. A., Yisa, A. G., e Ali-Dunkrah, L. A. (2012). Haematological characteristics of Yankasa sheep fed fonio (Digitaria iburua) straw based diets (p. 87-89). *Actas da 37.ª Conferência Anual da Sociedade Nigeriana de Produção Animal.*

Onajobi, F.D. (1986). Princípios lipossolúveis de contração do músculo liso na fração cromatográfica de *Ocimum gratissimum. Jornal de Etnofarmacologia. 18: 3 - 11.*

Onwuka, G. I. (2005), *Food analysis and instrumentation: Teoria e prática.* Impressões Naphtali, Lagos.

Onyeyili, P. A., Egwu, G. O., Jibike, G. I., Pepple, D. J., e Ohaegbulam, J. O. (1992). Variação sazonal dos índices hematológicos na galinha-d'angola de peito cinzento *(Numida mealagris Gallata pallas). Nigerian Journal of Animal Production, 18*(2), 108-110.

Ovuru, S. S., e Ekweozor, I. K. E. (2004). Alterações hematológicas associadas à ingestão de petróleo bruto em coelhos experimentais. *Jornal Africano de Biotecnologia, 3*(6), 346-348.

Owen, O. J., Amakiri, A.O., David, E.U., Nyeche, V.N., e Ndor, L. (2009). Composição aproximada, teor energético e perfil mineral da farinha de *Vernonia amygdalina* (Folha Amarga). *Actas da 14.ª Conferência Anual da Associação de Ciência Animal da Nigéria (ASAN)*, 14-17 de setembro, Ogbomoso, Estado de Oyo. p 173-176

Owoyele, B. V., Adebayo, J. O., Muhammed, N. O. e Ebunlomo, A. O. (2003). Efeito de diferentes técnicas de processamento da farinha de tunbram em alguns índices hematológicos em ratos. *Nigerian Journal of Pure and Applied Science.* 18: 1340 - 1345.

Oyeniyi, A.A. (1989). Aspectos de saúde pública da resistência a medicamentos bacterianos em aves de capoeira modernas de bateria e de cidade/aldeia nos trópicos. *Ata Veterinaria Scandinavica. 30:120-132*

Panda K., Rama Rao, S.V., Raju, M.V.L. (2006). Os promotores naturais de crescimento têm potencial nos sistemas de alimentação de aves de capoeira. *Feed Technology. 10 (8), 23-25*

Perry, B., Pratt, A.N., Sones, K. e Stevens, C. (2005). Um nível adequado de risco: Balancing the need for safe livestock products with fair market access for the poor. Retirado de *www.fao.org/*

Pessoa, L. M., Morais, S. M., Bevilaqua, C. M. L. e Luciano, J. H. S. (2002), Atividade anti-helmíntica do óleo essencial de *Ocimum grassitimum Linn.* contra *Haemonchus contortus. Veterinary Parasitology.* 109, No. 1 - 2, pp. 59 - 63.

Ping, Y., Ogawa, W., Kuroda, T., Tsuchiya, T. (2007), Clonagem de genes e caraterização de KdeA, uma bomba de efluxo de múltiplos fármacos de Klebsiella pneumoniae. *Boletim Biológico e Farmacêutico. 30:1962-1964.*

Platel, K. e Srinivasan, K. (2004), Digestive stimulant action of spices: Um mito ou uma realidade? *Indian Journal of Medical Research.* 119, 167-179

Purves, W. K., Sadava, D., Orians, G. H., Heller, H. C. (2004). *Life: A Ciência da Biologia.* (7ª edição). Sunderland, Massachusetts: Sinauer Associates, 954.

Puyalto, M. e Mesia, J. (2002). Combate aos agentes patogénicos intestinais. In-vitro Assessment of Organic Acids Derivatives and Combinations (Avaliação in-vitro de derivados e combinações de ácidos orgânicos). *Poultry International. Ago. 41 (2): 19 - 24.*

Pyror, H.O. (1993). *Arteriosclerosis: Inflammation and thrombosis (Arteriosclerose: Inflamação e trombose)*. Imprensa científica. Florença, Itália, 501-504

Rao, R.R., Platel, K. e Srinivasan, K. (2003), In-vitro influences of spices and spice-active principles on digestive enzymes of rat pancreas and small intestine. *Revista Nahrung* 47, 408-412.

Rasko, J. (2013). Investigação em Hematologia. Dia na vida da Fundação RCPA. Investigação em Educação. Disponível em: *www.rcpa.edu.au/haematology.htm*

Ritz. C.W., Fairchild, B. D e Lacy, M. P. (2005), Litter quality and broiler performance. *http://pubs. caes. uga. edu*

Roth, F.X., and Kirchgessner, M. (1998), Organic acids as feed additives for young pigs: Efeitos nutricionais e gastrointestinais. *Journal of Animal and Feed Sciences, 8, 25-33.*

Sabiu, S. e Wudii, A.M. (2011). Efeitos comparativos de *Telfairia occidentalis* e *Vernonia amygdalina* na hepatotoxicidade induzida pelo alho *(Allium sativum)* em ratos. *Revista de Ciências Biológicas e Ambientais para os Trópicos 8(4):193-197.*

Safamehr A. (2008). O desempenho e os caracteres hematológicos em frangos de carne alimentados com ração contaminada com aflatoxina tratada com amoníaco. *Journal of Animal Science and Veterinary Advances, 7 (3): 331-336.*

Samanidou, V. F. e Evaggelopoulou, E. N. (2008). Análise cromatográfica de promotores de crescimento antibacterianos proibidos em alimentos para animais. *Journal of Seperation Science. 31:1655-1864.*

Sambaiah, K. e Srinivasan, K. (1991), Secretion and composition of bile in rats fed fed diets containing spices. *Journal of Food Science and Technology.* 28,36-38.

Sapunaric, F. M., Aldema-Ramos, M. e McMurry, L. M. (2005). Resistência à tetraciclina: Efflux, Mutation, and Other Mechanisms (Efluxo, mutação e outros mecanismos). pp. 3-18. *Em:* White, D.G., Aleskshun, M.N. e McDermott, P.F., editores. Frontiers in Antimicrobial Resistance: a Tribute to Stuart Levy [Fronteiras da resistência antimicrobiana: uma homenagem a Stuart Levy]. Washington, D.C. ASM Press.

Schalm, O. W., Jain, N. C. e Carroll, E. J. (1975). *Veterinary haematology* (3ª ed., p.15-218). EUA: Lea & Fabiger, Philadelphia.

Schiffers, R.R. (2000). *African indigenous vegetables: an overview of the cultivated species.* University Greenwich Press, Inglaterra.

Seiser, P. E., Duffy, L. K., David, M. A., Roby, D. D., Golet, G. H., e Litzow, M. A. (2000). Comparison of pigeon guillemot, *Cepphus columba,* blood parameters from oiled and unoiled areas of Alaska eight years after the Exxon Valdez oil spill. *Marine Pollution Bulletin, 40*(2), 152-164.

Sidell, B. e Kristen, O'Brien (2006). "When bad things happen to good fish: the loss of haemoglobin and myoglobin expression in antarctic ice fishes" [Quando coisas más acontecem a peixes bons: a perda de expressão da hemoglobina e da mioglobina em peixes do gelo antártico]. *The Journal of Experimental Biology, 209(pt. 16): 1791-1802.*

Siegel P.B. e Dunnington, E.A. (1987). Seleção para crescimento em frangos. *Critical Reviews in Poultry Biology* 1, 1-14.

Socorro, V. F. M., Fracisco-José, A., Leal-Cardoso, J. H. e David, C. N. (2002). Efeitos relaxantes do óleo essencial de *Ocimum grassitinum* no Ileum isolado da cobaia, *Journal of Ethnopharmacology.* 81, (1):1- 4.

Sofowora, A. (1993). *Medicinal plants and traditional medicine in Africa (Plantas medicinais e medicina tradicional em África).* Spectrum Books Ltd., 289.

Stanley, L., Schrier, M. D., Stephen, A., Landaw, M. D. (2011). Volume corpuscular médio. Uptodate.com

Steel, R. G. D., e Torrie, J.H. (1997*). Principles and Procedures of Statistics: A Biometrical Approach.* 3ª edição. McGraw Hill Book Co. Inc., Nova Iorque.

Sturkie, P. D., (2014). *Avian Physiology* (6ª edição), Comstock publishing associates, Cornel University Press. N.Y.

Swann, M. M. (1969). Use of antibiotics in animal husbandry and veterinary medicine (Utilização de antibióticos na criação de animais e na medicina veterinária). Relatório do Comité Misto do Reino Unido.

Swee, K., Wan, Y., Ho, B., Boo, K.H., Woon, S.L., Huyunh, K., Abdul, H., Naoman,

Y. e Noorjaham, B.A. (2010). *Vernonia amygdalina:* um vegetal verde usado em etnoveterinária com múltiplas bioactividades. *Jornal de Investigação sobre Plantas Medicinais, 4(25):2787-2812.*

Tapsell. (2006). Benefícios para a saúde das ervas aromáticas e especiarias: o passado, o presente e o futuro. *Jornal Médico da Áustria 1:170-190.*

Tras, B., Inal, F., Bas, A. L., Altunok, V., Elmas, M., e Yazar, E. (2000). Effects of continuous supplementations of ascorbic acid, aspirin, vitamin E and selenium on some haematological parameters and serum superoxide dismutase level in broiler chickens. *British Poultry Science, 41(5),* 664-666.

Serviço Agrícola Estrangeiro do USDA. (2002). *Relatório GAIN: Nigeria poultry and products update 2002.* Recuperado de http://www.fas.usda.gov/

Van den Borgaard, A.E. e Stobberingh, E.E. (1999). Antibiotic usage in animals: impact on bacterial resistance and public health (Utilização de antibióticos em animais: impacto na resistência bacteriana e na saúde pública). *Journal of Drugs, 58: 589-607.*

Vanlencia, H. (2012). Contagem de glóbulos brancos. Healthline. Biblioteca de referência. Healthline Networks, Inc.

Verónica, N. O. e Unoma, A. C. (1999). Efeitos antidiarreicos do *extrato de Ocimum* gratissimumleafextract em animais experimentais. *Jornal de Ethnopharmacology* Vol. 68, No. 1 -3, pp. 327 - 330.

Vila, J. (2005). Resistência às Fluoroquinolonas. pp. 41-52. *Em:* D. G. White, M. N. Aleskshun, e P. F. McDermott, editores. Frontiers in Antimicrobial Resistance: a Tribute to Stuart Levy [Fronteiras na resistência antimicrobiana: uma homenagem a Stuart Levy]. Washington, D.C. ASM Press.

Webster , P. (2009). Aves de capoeira, política e resistência aos antibióticos. *Lancet medical journal. 374:773-774.*

Weed, R. I., Reed, C. F. e Berge, G. (1963). Is haemoglobin an essential structural component of human erythrocyte membranes? *Journal of Clinical Investigation. 42(4): 581-8.*

Wegener, H. C., Aarestrup, F. M., Jensen, L. B., Hammerum, A. M. e Bager, F.

(1999). Use of antimicrobial growth promoters in food animals and *Enterococcus faecium* resistance to therapeutic antimicrobial drugs in Europe. *Revista Emerging Infectious Disease. 5:329-335.*

Wikihow (2013). Como estudar hematologia. Wikihow. Disponível em: *www.wikihow.com>home>categories>educationandcommunications>subjects> science*

Wikipedia (2013).Parâmetros hematológicos. Disponível em *www.wikipedia.org*

Wikivet. (2013). Hematologia; Disponível em: *wikipedia/wiki/haematology*

Wills, R. B. M., Graham, D. e Joyce, D. (1998). *Postharvest: An Introduction to the Physiology and Handling of Fruit Vegetables and Ornamentals.* CAB International, (4ª Edição). 15-32.

Windisch, W., Schedle, K., Plitzer, C. e Kroismayr, A. (2007), Use of phytogenic products as feed additives for swine and poultry. *Journal of Animal Science.* 86, 140-148.

Organização Mundial de Saúde (OMS), 2002. Impactos do fim da utilização de promotores de crescimento antimicrobianos na Dinamarca. *Avaliação do painel internacional de revisão da OMS sobre o fim da utilização de promotores de crescimento antimicrobianos na Dinamarca. Foulum, Dinamarca, 6-9 de novembro de 2002.*

Xie, L., Xu, F., Liu, S., Ji, Y., Zhou, Q., Wu, Q., e Xie, P. (2013). Parâmetros hematológicos e bioquímicos baseados na idade e no sexo para *Macaca fascicularis.* *Jornal de Ciência Animal, 47(5),* 175-187

Young, I.S. e Mcenergy, J. (2001), Lipoprotein oxidation and atherosclerosis. *Biochemical Society Transactions. 29((2), 358-362.*

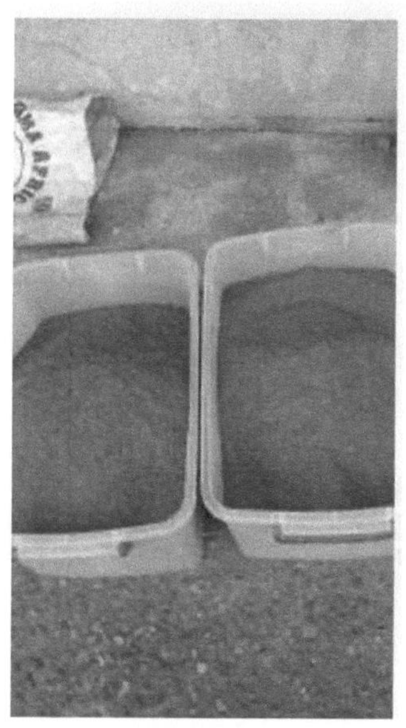

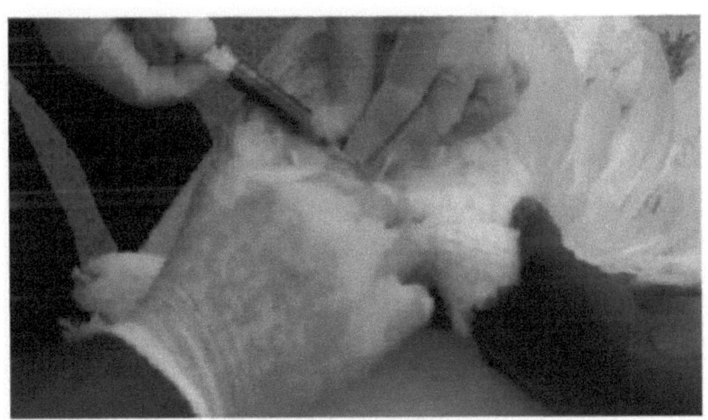

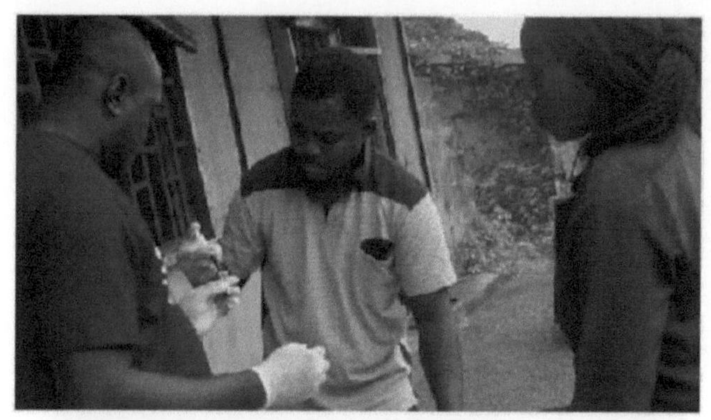

APÊNDICE

Appendix1: ANOVA of average daily weight gain (g/bird/day)

	Df	SS	MSS	Fcal	Ftab	Sig
Total	26	158.07				
Treatment	8	135.19	16.90	13.29	2.51	*
Error	18	22.88	1.27			

Appendix 2: ANOVA of protein efficiency ratio

	Df	SS	MSS	Fcal	Ftab	Sig
Total	26	0.13				
Treatment	8	0.11	0.014	13.29	25.2	*
Error	18	0.01	0.00056			

Appendix 3: ANOVA for feed conversion ratio

	Df	SS	MSS	Fcal	Ftab	Sig
Total	26	0.13				
Treatment	8	0.12	0.015	27.00	2.51	
Error	18	0.01	0.00056			

Appendix 4: ANOVA for average final weight (g/bird)

	Df	SS	MSS	Fcal	Ftab	Sig
Total	26	319528.83				
Treatment	8	279220.58	34902.57	15.59	2.51	*
Error	18	40308.25	2239.35			

Appendix 5: ANOVA for average weight gain (g/bird)

	Df	SS	MSS	Fcal	Ftab	Sig
Total	26	320098.41				
Treatment	8	273759.34	34219.92	13.29	2.51	*
Error	18	46339.07	2574.39			

Appendix 6: ANOVA for average daily feed intake (g/bird/day)

	Df	SS	MSS	Fcal	Ftab	Sig
Total	26	171.41				
Treatment	8	73.58	9.20	1.69	2.51	NS
Error	18	97.83	5.44			

Appendix 7: ANOVA for average total feed intake (g/bird)

	Df	SS	MSS	Fcal	Ftab	Sig
Total	26	347108.36				
Treatment	8	148993.19	18624.15	1.69	2.51	NS
Error	18	198115.17	11006.40			

Appendix 8: ANOVA for initial weight

	Df	SS	MSS	Fcal	Ftab	Sig
Total	26	2263.69				
Treatment	8	1077.46	134.68	2.04	2.51	NS
Error	18	1186.23	65.90			

Appendix 9: ANOVA for live weight (g/bird)

	Df	SS	MSS	Fcal	Ftab	Sig
Total	26	5261666.67				
Treatment	8	56666.67	7083.33	0.02	2.51	NS
Error	18	5205000.00	289166.67			

Appendix 10: ANOVA for plucked weight (g/bird)

	Df	SS	MSS	Fcal	Ftab	Sig
Total	26	3351046.67				
Treatment	8	199807.17	24975.90	0.14	2.51	NS
Error	18	3151239.50	175068.86			

Appendix 11: ANOVA for dressed weight (g/bird)

	Df	SS	MSS	Fcal	Ftab	Sig
Total	26	2684100.17				
Treatment	8	233909.67	29238.71	0.21	2.51	NS
Error	18	2450190.42	136121.69			

Appendix 12: ANOVA for dressed weight percentage (%)

	Df	SS	MSS	Fcal	Ftab	Sig
Total	26	101.99				
Treatment	8	64.52	8.01	3.87	2.51	*
Error	18	37.47	2.08			

Appendix 13: ANOVA for head (g/bird)

	Df	SS	MSS	Fcal	Ftab	Sig
Total	26	2927.17				
Treatment	8	510.67	63.83	0.48	2.51	NS
Error	18	2416.50	134.25			

Appendix 14: ANOVA for neck weight (g/bird)

	Df	SS	MSS	Fcal	Ftab	Sig
Total	26	10890.67				
Treatment	8	3167.17	395.90	0.92	2.51	NS
Error	18	7723.50	429.08			

Appendix 15: ANOVA for breast weight (g/bird)

	Df	SS	MSS	Fcal	Ftab	Sig
Total	26	211869.67				
Treatment	8	45362.17	5670.27	0.61	2.51	NS
Error	18	166507.50	9250.42			

Appendix 16: ANOVA for back weight

	Df	SS	MSS	Fcal	Ftab	Sig
Total	26	48345.17				
Treatment	8	15178.67	1897.33	1.03	2.51	NS
Error	18	33166.50	1842.58			

Appendix 17: ANOVA for thigh weight (g/bird)

	Df	SS	MSS	Fcal	Ftab	Sig
Total	26	114927.17				
Treatment	8	12610.67	1576.33	0.8	2.51	NS
Error	18	102316.50	5684.25			

Appendix 18: ANOVA for drumsticks weight (g/bird)

	Df	SS	MSS	Fcal	Ftab	Sig
Total	26	78201.17				
Treatment	8	12258.17	1532.27	0.42	2.51	NS
Error	18	65943	3663.50			

Appendix 19: ANOVA for shank weight (g/bird)

	Df	SS	MSS	Fcal	Ftab	Sig
Total	26	21674.67				
Treatment	8	2374.67	296.83	0.28	2.51	NS
Error	18	19300	1072.22			

Appendix 20: ANOVA for wings weight (g/bird)

	Df	SS	MSS	Fcal	Ftab	Sig
Total	26	44397.67				
Treatment	8	2014.17	251.77	0.11	2.51	NS
Error	18	42383.50	2354.64			

Appendix 21: ANOVA for heart weight (g/bird)

	Df	SS	MSS	Fcal	Ftab	Sig
Total	26	177.17				
Treatment	8	34.17	4.27	0.54	2.51	NS
Error	18	143.00	7.94			

Appendix 22: ANOVA for kidney weight (g/bird)

	Df	SS	MSS	Fcal	Ftab	Sig
Total	26	11.17				
Treatment	8	2.67	0.33	0.71	2.51	NS
Error	18	8.50	0.47			

Appendix 23: ANOVA for spleen weight

	Df	SS	MSS	Fcal	Ftab	Sig
Total	26	9.17				
Treatment	8	2.67	0.33	0.92	2.51	NS
Error	18	6.50	0.36			

Appendix 24: ANOVA for lungs weight

	Df	SS	MSS	Fcal	Ftab	Sig
Total	26	505.17				
Treatment	8	192.67	24.08	1.39	2.51	NS
Error	18	312.50	17.36			

Appendix 25: ANOVA for liver weight (g/bird)

	Df	SS	MSS	Fcal	Ftab	Sig
Total	26	1702.50				
Treatment	8	438.00	54.75	0.78	2.51	NS
Error	18	1261.50	70.25			

Appendix 26: ANOVA for gizzard weight (g/bird)

	Df	SS	MSS	Fcal	Ftab	Sig
Total	26	2219.17				
Treatment	8	630.17	78.77	0.89	2.51	NS
Error	18	1589.00	88.28			

Appendix 27: ANOVA for intestine weight (g/bird)

	Df	SS	MSS	Fcal	Ftab	Sig
Total	26	15167.67				
Treatment	8	6279	784.96	1.59	2.51	NS
Error	18	8888.00	493.78			

Appendix 28: ANOVA for abdominal fat weight (g/bird)

	Df	SS	MSS	Fcal	Ftab	Sig
Total	26	4927.50				
Treatment	8	1275.00	159.38	0.79	2.51	NS
Error	18	3652.50	202.92			

Appendix 29: ANOVA for white blood cell

	Df	SS	MSS	Fcal	Ftab	Sig
Total	26	817.81				
Treatment	8	491.71	61.46	3.39	2.51	*
Error	18	326.10	18.12			

Appendix 30: ANOVA for lymphocytes

	Df	SS	MSS	Fcal	Ftab	Sig
Total	26	2400.02				
Treatment	8	1441.21	180.15	3.38	2.51	*
Error	18	958.81	53.27			

Appendix 31: ANOVA for red blood cell

	Df	SS	MSS	Fcal	Ftab	Sig
Total	26	1.79				
Treatment	8	0.62	0.08	1.19	2.51	NS
Error	18	1.17	0.06			

Appendix 32: ANOVA for haemoglobin

	Df	SS	MSS	Fcal	Ftab	Sig
Total	26	45.64				
Treatment	8	24.65	3.08	2.64	2.51	*
Error	18	20.99	1.17			

Appendix 33: ANOVA for packed cell volume

	Df	SS	MSS	Fcal	Ftab	Sig
Total	26	228.32				
Treatment	8	98.88	12.36	1.72	2.51	NS
Error	18	129.44	7.19			

Appendix 34: ANOVA for MCV

	Df	SS	MSS	Fcal	Ftab	Sig
Total	26	480.40				
Treatment	8	218.28	27.29	1.87	2.51	NS
Error	18	262.12	14.56			

Appendix 35: ANOVA for MCH

	Df	SS	MSS	Fcal	Ftab	Sig
Total	26	110.23				
Treatment	8	90.30	11.29	10.19	2.51	*
Error	18	19.93	1.11			

Appendix 36: ANOVA for MCHC

	Df	SS	MSS	Fcal	Ftab	Sig
Total	26	43.80				
Treatment	8	29.70	3.71	4.74	2.51	*
Error	18	14.10	0.78			

Appendix 37: ANOVA for platelets

	Df	SS	MSS	Fcal	Ftab	Sig
Total	26	184.67				
Treatment	8	73.17	9.15	1.48	2.51	NS
Error	18	111.50	6.19			

Appendix 38: ANOVA for total cholesterol

	Df	SS	MSS	Fcal	Ftab	Sig
Total	26	12409.67				
Treatment	8	8534.17	1066.77	4.95	2.51	*
Error	18	3875.50	215.31			

Appendix 39: ANOVA for total protein

	Df	SS	MSS	Fcal	Ftab	Sig
Total	26	6.90				
Treatment	8	4.91	0.61	5.55	2.51	*
Error	18	1.99	0.11			

Printed by Books on Demand GmbH, Norderstedt / Germany